Joachim Illies:
Zoologie des Menschen
Entwurf einer Anthropologie

Deutscher
Taschenbuch
Verlag

dtv

Von Joachim Illies
ist im Deutschen Taschenbuch Verlag erschienen:
Anthropologie des Tieres (1271)

Ungekürzte Ausgabe
1. Auflage Dezember 1976
2. Auflage Oktober 1977: 11. bis 16. Tausend
Deutscher Taschenbuch Verlag GmbH & Co. KG,
München

ISBN 3-492-01817-3
Umschlaggestaltung: Celestino Piatti
Gesamtherstellung: C. H. Beck'sche Buchdruckerei,
Nördlingen
Printed in Germany · ISBN 3-423-01227-7

Das Buch

Der hier vorliegende Entwurf einer Anthropologie von Joachim Illies entstand aus einer Konfrontation der gegenwärtigen, vorwiegend von den Naturwissenschaften gelieferten Erkenntnisse über den Menschen mit älteren, einst hauptsächlich von der Religion und der Philosophie gegebenen Deutungen. Der Verfasser hat aus der Vielzahl der möglichen Fragen die wesentlichen herausgegriffen, so zum Beispiel: Wo liegt die Grenze zwischen Mensch und Tier? Sind wir einmalig im Kosmos? Was ist »Seele«, was ist Sprache? Welche Bedeutung hat die Scham in der Natur? Ist der Sündenfall zoologisch deutbar? Welche Gefahren drohen von der Manipulation des Lebens? u. a. Die Fragen werden mit der Exaktheit eines Naturwissenschaftlers beantwortet, der dem Leser mit vielen einleuchtenden Beispielen seine Thesen veranschaulicht. Das Buch ist einerseits eine einführende Durchsicht der gesicherten Erkenntnisse der naturwissenschaftlichen Anthropologie und ihrer benachbarten Fachgebiete, andererseits ein überzeugendes Modell dafür, wie in diesem Forschungsbereich die Erkenntnisse der Geisteswissenschaften genutzt werden können.

Der Autor

Joachim Illies wurde 1925 in Ketzin a.d. Havel geboren. Er studierte in Göttingen und Kiel Naturwissenschaften, insbesondere Biologie. 1955 habilitierte er sich in Gießen für Zoologie und Ökologie und wurde dort 1961 zum Professor ernannt. Er ist Mitbegründer und Leiter der Limnologischen Flußstation des Max-Planck-Instituts in Schlitz. – Veröffentlichungen u. a.: ›Adams Handwerk‹, 1967; ›Noahs Arche‹, 1968; ›Wissenschaft als Heilserwartung‹, 1969; ›Die Affen und wir‹, 1970; ›Zoologie des Menschen‹, 1971; ›Für eine menschenwürdige Zukunft‹, 1972; ›Die Sache mit dem Apfel‹, 1972; ›Anthropologie des Tieres‹, 1973; ›Zoologeleien‹, 1974; ›Nicht Tier – nicht Engel‹, 1975; ›Geheimnis des Lebendigen‹, 1976. In zahlreichen Veröffentlichungen in Rundfunk und Fernsehen ist er für eine moderne Interpretation des Menschenbildes eingetreten.

Inhalt

Vorwort

> Es gibt eine Anthropologie, die nicht trotz, sondern gerade in ihrem metaphysischen Charakter in der Erfahrung gründet und sich in ihrem Seinsbegriff weder auf die Theologie stützt noch in ihrem Erfahrungsbegriff von der Naturwissenschaft einengen läßt.
>
> K. Graf Dürckheim

Die Frage nach dem Menschen wird von jeder Generation neu gestellt; die Antwort auf sie wird stets ein Querschnitt durch das Wissen einer Epoche sein und zugleich Ausdruck ihrer Deutung der eigenen Geschichte. Die alten Weisheiten der Mythen und Religionen, die sich wandelnden Systeme der Philosophie und die neuen Fakten der Erfahrungswissenschaften fließen zusammen zu einem Bild, in dem der Mensch sich, während er seine Herkunft zu erkennen sucht, zugleich in seiner Gegenwart versteht und für seine Zukunft entwirft.

In diesem Buch wird versucht, das Menschenbild unserer Zeit aus dem Blickwinkel des modernen naturwissenschaftlichen Faktenwissens zu zeichnen. Die Bewältigung unserer theologischen, philosophischen und naturwissenschaftlichen Vergangenheit erweist sich dabei als der eigentliche Prüfstein für die Gültigkeit unseres gegenwärtigen Standpunktes. Nur die Wahrheit von heute, die neben dem Irrtum auch die Wahrheit von gestern umschließt, taugt als tragender Grund, auf dem die Wahrheit von morgen wachsen kann.

Vor allem die Erkenntnisse der vergleichenden Verhaltensforschung und der Tiefenpsychologie enthalten solche Ansätze zu einer Wahrheit von morgen, die es schon heute zu einer Gesamtschau der menschlichen Eigenart zusammenzufügen gilt. Der Blick auf den Menschen als Objekt der Zoologie erweist sich dabei als eine angemessene Methode der Darstellung, um den modernen Erwartungen an das biologische Sachwissen zu genügen, doch bleibt eine solche »Zoologie des Menschen« zugleich bewußte Provokation in der Gewißheit, daß der Mensch die Dimension der Naturwissenschaft sprengt und mehr ist und anders als das Tier.

Zu keiner Zeit seiner Geschichte hat der Mensch so viel über sich gewußt wie heute. Dieses Ausmaß an Information aber verunsichert unsere Zeit – und in ihr jeden von uns – mehr, als es das Unwissen früherer Epochen jemals vermochte. Gibt Wissen nicht Sicherheit, ist es nicht unbestreitbarer Gewinn, bringt es nicht als Frucht der Erkenntnis dem Wissenden Ruhe und Gelassenheit, die ihn, von Furcht und Hoffnung befreit, zum Weisen macht? So lautete doch der kühne Anspruch der Aufklärung, aber wir haben festzustellen, daß im Zeitalter der Naturwissenschaft, in dem der Entmythologisierungsprozeß den Menschen selbst erreicht hat, Wissen nicht nur Macht bedeutet, sondern auch Ratlosigkeit schafft, nicht nur erhebt, sondern auch niederdrückt und den nach dem Sinn seines Lebens Fragenden nicht satt macht, sondern hungrig. Dieser Hunger wird in der Unruhe deutlich, mit der unsere Gesellschaft mehr nach ihrer Veränderung drängt als nach dem Verständnis ihrer Gegenwart, so daß die utopische Ausrichtung auf eine moralisch und genetisch manipulierte Zukunft über die Orientierungslosigkeit der Gegenwart trösten und hinweghelfen soll. In manchen biotechnischen und sozialpädagogischen Zukunftsprojekten wird dazu angesetzt, uns selbst abzuschaffen; das »Experiment Menschheit« läuft.

Es gibt kaum einen größeren Triumph der menschlichen Vernunft als das Gebäude der wissenschaftlichen Erkenntnis, in dem sich die Welt schlüssig und stimmig widerspiegelt, so daß das Unbegreifbare greifbar wird. Und doch kann diese Wissenschaft, wo man ihre Fakten zu unbesonnener Verfügung aus der Hand gibt, in der ganzen Fülle und Tragweite ihrer Einsichten so gefährlich werden, wie es eins ihrer Nebenprodukte, die Atombombe, bereits ist: Sie taugt insgesamt zur Selbstabschaffung des Menschen.

Es kommt also darauf an, Wissenschaft nicht nur richtig und handwerksgerecht zu betreiben, darzustellen und weiterzugeben, sondern zugleich auch den Umgang mit ihr als eine verantwortungsvolle Kunst zu begreifen. Das bedeutet aber, daß man ihre Fakten nicht zu beliebiger Anwendung freisetzt, sondern sich selbst zu engagieren hat in einem Akt der anerkennenden oder ablehnenden Deutung. Ob die wissenschaftlichen Erkenntnisse über den Menschen aus ihm einen nackten Affen machen oder ihn als ein mündiges, mit allen Tieren zuletzt unvergleichbares, metaphysisches Vernunftwesen bestätigen, regeln nicht diese wissenschaftlichen Fakten allein und unter sich, und wir dürfen es daher auch nicht als Ergebnis wissenschaftlicher Forschung erwarten. Denn dieses Ergebnis, das nicht mit Kenntnis, sondern mit Anerkenntnis zu tun hat, hängt ausschließlich von dem deutenden, wertenden und auswählenden Engagement derer ab, die diese Fakten an der richtigen Stelle in ihr Weltbild und in ihren Verhaltenskodex einbauen.

Kenntnis und Anerkenntnis, Wissen und Glauben, sind eng miteinander verwoben, wo immer es überhaupt zu einer Aussage, zu einer engagierten Deutung kommt. Es ist eine Illusion, irgendwo das eine ohne das andere zu suchen und zu erhoffen. Entweder wir werfen diese Welt und uns mit ihr hin und überlassen es den Computern, sie und uns zu berechnen, zu interpretieren, zu steuern, zu verändern und zuletzt überflüssig zu machen – oder aber wir nehmen diese Welt und die Last ihrer Deutung und Sinngebung auf uns und anerkennen damit, daß wir alle verantwortlich sind für das, was wir aus der Wissenschaft machen und was die Wissenschaft aus uns macht.

In diesem Sinne erscheint es notwendig, daß der Naturwissenschaftler das enge Spezialgebiet seines eigenen Forschungsbereichs einmal verläßt und sich auf der ganzen Breite seines Faches in Aussage und Deutung der berechtigten Forderung stellt, die die Gesellschaft an ihn richten wird. In unserer Epoche wird von ihm erwartet, daß er Wissenschaft nicht als kultiviertes Hobby zu eigenem Gebrauch konsumiert, sondern bereit ist, den Umgang mit den Fakten als Aufgabe zu erkennen, seine Person in dem Spannungsfeld zwischen Wissen und Glauben einzusetzen und durchzuhalten und für seine – objektive – Deutung der Welt und des Menschen ganz subjektiv den eigenen Kopf hinzuhalten.

Ich danke Herrn Johannes Schlemmer für die Anregung und verständnisvolle Förderung, mit der er mir dazu im Rahmen einer Sendereihe des Heidelberger Studio Gelegenheit gab. Die zwölf Sendungen dieser Vortragsreihe, in vielen Fällen um einige Absätze erweitert, bilden den Inhalt dieses Buches. Es stellt zugleich die Summe der Aussagen dar, die ich in Vorträgen und Aufsätzen der letzten Jahre zu diesem Thema gemacht habe.

Schlitz, im November 1970 Joachim Illies

Wer sind wir?

Erkenne dich selbst! stand in goldenen Lettern über dem Eingang zum Tempel des Apollo. *Nosce te ipsum* ist auch die Mahnung, die mehr als zweitausend Jahre später der Zoologe Carl von Linné dem Menschen anstelle jeder weiteren Beschreibung in seinem Buch über das System der Natur zuruft. Religion und Wissenschaft locken hier mit der gleichen Verheißung: Der Mensch soll eintreten in ihr Heiligtum, wenn er sich erkennen will. Er soll hier erfahren, welcher Platz im System ihm zugeordnet ist, soll sehen, was er ist, was größer ist als er und was geringeren Wert hat. Mit der Anerkennung dieses Systems, in das er sich eingefügt weiß, wird er zugleich seinen eigenen Stellenwert anerkennen. Kein Zweifel, daß die Frage nach dem Menschen, nach seinem Sinn und seiner Bestimmung, uns alle bewegt; sie ist die erste über den engen Horizont des Tages hinausgreifende Frage überhaupt: Jedes Kind stellt sie, wenn sein Geist weit genug entwickelt ist, um zu begreifen, daß Menschsein nicht selbstverständlich ist. Alle Völker haben schon in ihrer Frühzeit diese Frage gestellt und uns ihre ersten uralten Antworten in Mythen und Sagen überliefert. Unsere Frage zu stellen ist ein »unabwendbares Bedürfnis der menschlichen Vernunft«, meinte der große Philosoph Immanuel Kant. Eine Antwort auf diese Frage zu erhalten ist daher die erste und grundlegende Forderung jeder Menschengeneration an die Instanz, von der sie sich eine Deutung der Welt erhofft.

Die Instanz, von der solche Deutung und Sinngebung der Welt erwartet wird, ist in allen Kulturen zuerst einmal das gewesen, was wir *Mythos und Religion* nennen. Nicht nur im Apollo-Tempel, in allen Tempeln und Heiligtümern der Welt sieht der Gläubige bei seinem Eintritt dieses »nosce te ipsum« als goldene Hoffnung leuchten. Die Priester verwahren für ihn die Substanz seiner Hoffnung und legen sie ihm aus, so daß er, indem er sie und ihr Heiligtum anerkennt, zu sich selbst findet als zu einem Teil einer geordneten und gedeuteten Welt. Es geht bei diesem Vorgang also weniger um Erkenntnis als um Anerkenntnis; die Tugenden, die durch dieses Tor führen, sind die Fähigkeiten zu glauben und zu vertrauen, Kräfte also, die ein ungeteiltes Engagement von Kopf und Herz erfordern und eine Glaubensstärke, um die mancher von uns heute die Menschen vergangener Jahrhunderte beneiden wird.

Wohl überall, gewiß aber in unserer eigenen Geschichte – und zwar im Prozeß der europäischen Geistesentwicklung sowohl wie als Reifungsschritt der Einzelpersonen –, verschiebt sich dieses anfängliche Gleichgewicht von Kopf und Herz bald zugunsten der Verstandesfunktionen. Im Nachdenken über seine Möglichkeiten wird der Geist mißtrauisch gegenüber den Hoffnungen des Herzens und will sich zunehmend nur noch auf das verlassen, was kein Vertrauen verlangt, sondern Zustimmung erzwingt: auf das Logische, das für jedermann Verbindliche, auf das den unausweichlichen Gesetzen unseres Verstandes Entsprungene. Das aber ist nicht immer identisch mit dem, was Religion und Mythos lehren, es ist oft weniger an Substanz, weniger an Qualität und Farbe, aber es ist mehr an Sicherheit. So löst sich die *Philosophie* als neue Instanz aus dem Schatten der Religion, bleibt nicht länger ihre Magd. Sie dient ihr, wie es Kant in einem schönen Bild ausdrückte, indem sie ihr nicht mehr die Schleppe nachträgt, sondern mit der Fackel vorausleuchtet. Eine neue Instanz für die Frage nach dem Menschen ist damit etabliert: Die Philosophie ist die Göttin dieser neuen Tempel. Die Priester, die dort dem Fragenden Antwort erteilen, verehren und verwahren ein neues Heiligtum: die Gesetze des menschlichen Verstandes und die Kunst, mit ihnen umzugehen. Mit gläubiger Anerkennung als Leistung ist es in diesem Tempel nicht getan, sondern hier wird vom Eintretenden eine Anstrengung des Kopfes verlangt, die er durchhalten muß, selbst wenn sein Herz sich dagegen wehren sollte. Über der Eingangstür der Akademie in Athen hing daher eine Gebotstafel: »Nur Mathematiker« – so nannte man damals die Philosophen – »haben Eintritt!« Anstrengung ist jetzt nötig, wo einst Vertrauen genügte: die von der Religion gedeutete Welt und seinen eigenen Platz in ihr durfte man annehmen als Selbstverständlichkeit oder als Gnadengeschenk, die Deutung der Welt durch die Philosophen aber muß man erarbeiten und verstehen, wenn sie wirksam werden soll. Das ist zu allen Zeiten schwierig gewesen, es ist eine vom einzelnen kaum zu leistende Aufgabe, vor deren »übermäßigen Größe« C. Fr. von Weizsäcker warnte: »Philosophie ist nötig, aber sie ist zu schwer für unseren menschlichen Verstand.« Aber er, der selbst einer der großen Philosophen unserer Zeit ist, fährt fort: »gleichwohl ist sie nötig«. Es sind nur einzelne, die diese Aufgabe für andere leisten können, niemals vollkommen, aber manchmal doch in genialer Annäherung an das Mögliche, das einer Zeit und einer Geistesperiode der Menschheit überhaupt erreichbar ist. So kommt es, daß die Autorität solcher genialer einzelner für das System der Philosophie ihrer Zeit fast die gleiche absolute Größe erreicht, wie sie den Offenbarungen der Religion zukommt. Und so kann es geschehen – und geschieht, solange es Philosophie und Philosophen gibt –, daß in ihren Akademien eine pseudoreligiöse Haltung einzieht und aus Wissenden und Verstehenden gläubige Anerkenner macht. Philosophie ist immer in Gefahr, zur Ideologie zu werden, doch genügt es, diese fast unvermeidliche Gefahr zu sehen, um das eigentliche Ziel nicht aus den Augen zu verlieren: das »Erkenne dich selbst!« als Versuch der Ortsbestimmung des Menschen mit dem alleinigen Mittel des Verstandes.

Wir werden bald sehen, was sich als geschichtlicher Prozeß in jedem Jahrtausend erneut bestätigte, daß nämlich diese zweite Ebene der Weltdeutung ihre Aufgabe allein und sozusagen im leeren Raum nicht leisten kann. Wie die größte Kraft seiner Arme nicht ausreicht, daß sich einer am eigenen Schopf aus dem Sumpf zöge, so braucht auch die Philosophie einen festen Punkt außerhalb ihrer selbst, an dem sie ihre Kraft ansetzen kann, um die Welt aus den Angeln zu heben. Dieses feste Land außerhalb des menschlichen Denkens und Urteilens wird durch die kritische Beobachtung der Tatsachen erreicht, durch die Fakten, also alles das, was diese Welt selbst zu ihrer Deutung beiträgt, indem sie es unserer Wahrnehmung offenbart. Ist erst einmal der philosophische Zweifel beseitigt, daß es solche Tatsachen überhaupt gibt, ist die Kraft der philosophischen Autoritäten gebrochen, die doch so groß sein kann, daß ihre Anhänger den Worten der Meister mehr trauen als dem eigenen Augenschein, dann wächst in der Erkenntnis der Fakten auf dem Urgrund der religiösen Weltsicht und auf den Fundamenten der Philosophie ein neues, hohes Bauwerk empor: auf den Tempel der Religion, auf die Akademie der Denker, folgt das Gebäude der *Naturwissenschaften*, in dessen Innerem als neues Heiligtum die Naturgesetze verwahrt werden. Wer hier eintritt mit dem Anliegen *nosce te ipsum*, für den ist Anerkenntnis selbstverständlich, für den ist wissendes Verstehen möglich, aber für den ist vor allem erfahrbare Wirklichkeit das Ziel der Hoffnung. Nicht allein so, wie sie die Mythen und Offenbarungen dieser oder jener Religion fordern und setzen, nicht allein wie die Philosophen dieser oder jener Akademie sie sich erdacht haben, sondern auch so, wie die Natur selbst es in ihrem Kern als Wirklichkeit dem forschenden Menschengeist schließlich preisgegeben hat, will er diese Welt sehen und sich selbst in ihr. Und furchtlos ist der Fragende bereit, der Wahrheit ins Gesicht zu blicken, die ihm Religion und Philosophie wie Schleier um das Bild von Sais mehr zu verhüllen als zu offenbaren schienen. Diese Furchtlosigkeit ist in unserer Zeit, in unserem Jahrhundert der Naturwissenschaften, doppelt nötig für jeden, der wirklich ernst machen will mit dem *nosce te ipsum*. Er braucht seinen ganzen Mut, um sich nicht selbst zu verlieren im Anblick eines naturwissenschaftlichen Menschenbildes, das mit seinen Schleiern auch seinen Glanz verloren zu haben scheint und das, wenn man nicht sehr genau hinsieht, von einem »nackten Affen« nicht mehr zureichend unterschieden ist. Er braucht seinen Mut, um – notfalls auch gegen den Strom der Zeit schwimmend – aus der Naturwissenschaft nicht wiederum eine Ideologie zu machen, sondern offen zu bleiben für die ewige menschliche Hoffnung, daß hinter der Wirklichkeit der Fakten, hinter den Gedanken der Philosophen und hinter den Bildern und Gleichnissen der Religion die gleiche Wahrheit steht, ein Licht, das sich im Kristall unseres Verstandes und unseres Gemüts nur in verschiedenen Farben bricht. Die Welt kann nicht in sich selbst gespalten sein in solche Bilder, Denksysteme und Naturgesetze, sondern *wir* sind gespalten, solange uns verschiedene Instanzen verschiedene Seiten der Wirklichkeit zeigen, die sich vielleicht gar widersprechen und von denen zugleich jede von uns die volle Anerkennung als das Ganze fordert. So sind im Versuch der Bewältigung dieser Welt Systeme zerbrochen, und es sind Menschen zerbrochen; die Instanzen des Glaubens, des Denkens und des beobachtenden Fragens haben sich, oft in qualvoller Reibung, nacheinander in den Kulturen entwickelt, und sie begegnen sich nacheinander und nebeneinander in jedem einzelnen, dessen Geist erwacht und der sich aufmacht zum »Erkenne dich selbst!«. Für die Kulturen wie für den einzelnen ist dieses Ziel erst erreicht, wenn es gelingt, allen drei Kräften unserer Vernunft gerecht zu werden und keine zu verleugnen.

Wir wollen in den folgenden Kapiteln die Frage nach uns selbst, nach dem Menschen, durch alle drei Instanzen hindurch verfolgen und dabei vor allem den Blick auf die Lebewesen richten, die es außer dem Menschen auf dieser Erde gibt, auf die Tiere, deren erfahrbare Wirklichkeit eigentlich die kritische Frage nach uns erst möglich macht, denn sie zeigen, daß es nicht selbstverständlich ist, Mensch zu sein, sondern daß es auch andere Formen des Lebens gibt, so daß die Antwort auf die Frage nach uns auch dieses andere zu deuten haben wird. Steht dieses andere Leben neben uns, sind wir ein Teil von ihm oder auf eine andere Ebene der Wirklichkeit erhoben? »Zoologie des Menschen« wollen wir das Bemühen nennen, den Menschen und die Tiere vergleichend zu betrachten und dabei die Frage nach uns genauso unbefangen, kritisch und objektiv zu prüfen, wie die Naturwissenschaft mit ihren Objekten verfährt. Denn wenn wir auch alle drei Aussage-Instanzen im Auge haben, die in der Frage nach uns angesprochen sind, so steht doch zugleich fest, daß für uns heute vor allem die Naturwissenschaft die Sprache unserer Zeit ist und daß sie eine erreichte Stufe der Weltbewältigung darstellt, unter die wir nicht wieder zurückkönnen. Daher ja erscheint sie uns in dem vorhin gebrauchten Bild wie ein hohes Gebäude, das sich weit über seine Fundamente erhebt. Steigen wir also auf die Spitze des Turmes und versuchen uns in der Kunst des Türmers Lynkeus, der die eigentliche und reine Form aller Naturerforschung darstellt: »Zum Sehen geboren, zum Schauen bestellt ...«

Blicken wir zunächst auf das, was in der Frühzeit unserer Geschichte von den großen Schöpfungsmythen über den Menschen ausgesagt wird. Von einer Zoologie kann da freilich keine Rede sein, eher schon von einer Theologie des Menschen. Denn was diese ersten Aussagen über die Entstehung der Welt berichten, das ist – so unterschiedlich diese Bilder auch im einzelnen sein mögen – eine Deszendenz des Menschen, eine Ableitung von oben, bei der kaum ein Blick auf die Lebewesen fällt, die noch weiter unten stehen: auf die Tiere.

Der viertausendjährige altbabylonische Schöpfungsbericht beginnt mit Apsu, dem »ersten Erzeuger«, und der großen Gebärerin Tiamat: »... als ihre Wasser sich in eins mischten, ... als noch kein Feld gebildet, kein Sumpfland zu sehen war, da wurden die ersten Götter im Himmel erschaffen«. In Liebe und Haß verstrickt sich dies Göttergeschlecht, bis zuletzt vom Meer, dessen Herr Apsu ist, der strahlende Held Marduk geboren wird, der »Weiseste der Weisen«, dem Babylon seine Tempel baut. Die Menschen, die diese Tempel errichten müssen, werden in diesem Schöpfungsbericht vorausgesetzt: wie Tiere, Pflanzen, Steine, wie die Erde und das Wasser sind sie da, sind das selbstverständliche irdische Substrat, an dem sich die Geschichte der Götter abbildet. Der Mensch erkennt sich in diesen Mythen als das letzte, unterste Glied der Schöpfung, als später, nachgeborener Sohn der Götter, diesen unterlegen und dienstbar. Größtes, kaum faßbares Heldentum ist es, wenn einer von ihnen wie

Gilgamesch den Geboten eines Gottes widersteht, seinen eigenen Willen dem Himmel entgegensetzt und so fast selbst einer der Götter wird.

Die griechische Mythe der Weltentstehung, wie sie Hesiod uns überliefert hat, folgt dem gleichen großen Plan. »Als allererstes war das Chaos, und dann auch die breitbrüstige Erde, ewig sicherer Sitz aller Dinge. Dann Eros, der schönste unter den unsterblichen Göttern.« Die Erde gebiert die Götter: den Himmel, die Berge, das Meer, und mit Uranos, dem Himmel, erzeugt sie die Titanen und Zyklopen. Aus dem Streit dieser Göttergeneration entsteht die erste Geschichte; aus dem Blut des von Kronos verwundeten Uranos werden die Halbgötter (Erinnyen, Giganten und Nymphen); Kronos selbst verschlingt seine Kinder, die Giganten, bis auf Zeus, der endlich die Götterherrschaft des Olymps errichtet. Dieser Olymp herrscht nun auch über die Menschen, aber wo kamen sie her, wo gehören sie hin? Hesiod nennt eine klare Deszendenz in mehreren, absteigenden Linien, die noch einmal die Entstehung der Götter widerspiegeln: die Ewigen und Unsterblichen schufen sich die Menschen, die Sterblichen, nacheinander in fünf Geschlechtern. Das goldene Zeitalter hatte ein goldenes Menschengeschlecht, es folgte ein silbernes, ein bronzenes, eins der Heroen, und zuletzt, als unterste Sprosse der Leiter, die den Götterhimmel mit der Erde verbindet, entstand das eiserne Geschlecht, zu dem wir heute gehören. Von den Tieren hören wir wiederum nichts, mit dem Menschen endet der erklärungsbedürftige Teil der Welt auch für den griechischen Schöpfungsbericht. Tiere sind da wie die Erde und die Pflanzen; wichtig ist für das Bild des Menschen nur seine Beziehung zu gleichen und zu höheren Wesen, die sein Schicksal gestalten. Sich selbst zu erkennen, heißt jetzt, seinen Ort zwischen den Menschen und unter den Göttern zu erkennen. Daß die Beziehungen nach oben vielfältig und in ihrer Abstufung durchlässig sind, daß nicht nur Götter sich streiten und vermählen, sondern daß hin zu den Sterblichen in Liebe und Haß vom höchsten Gott Zeus bis zu den Söhnen und Töchtern des eisernen Geschlechts sich in gegenseitigem Geben und Nehmen ein Bogen spannt, davon berichten die Sagen der Griechen in vielen Bildern. Doch auch die Auflehnung gegen die Rangordnung kennt der griechische Mythos: Der Titan Prometheus, der Sohn eines älteren Bruders des Kronos, schafft auf der Erde die Menschen und stiehlt für sie das Feuer vom Himmel der Götter. In diesem Bild erkennt sich der Mensch als Geschöpf eines Gegengottes, es erwacht der Stolz, sich den Göttern zu widersetzen und seine eigene Stelle zu behaupten, wo es sein muß auch gegen die Unsterblichen. Nicht ein einzelner Held, wie Gilgamesch, sondern das ganze Geschlecht der Menschen erwärmt sich an dem Feuer seines eigenen Geistes, um dessen Glut die Götter sie beneiden, wie Goethe es seinen Prometheus zornig nach oben rufen läßt: »... ein Geschlecht, das mir gleich sei, ... dein nicht zu achten, wie ich!«

Der uns am nächsten stehende und das abendländische Denken seit zweitausend Jahren bestimmende Schöpfungsmythos stammt aus der jüdischen Überlieferung und ist in der Bibel enthalten. Es sind im ersten Buch Moses, in der Genesis, merkwürdigerweise gleich zwei einander zum Teil widersprechende Berichte, mit denen das Alte Testament beginnt. Sie werden von den Theologen klar unterschieden, und auch wir wollen uns zunächst dem zweifellos älteren des zweiten Kapitels zuwenden. Weil er das Wort »Jahwe« für Gott gebraucht, nennt man den Verfasser dieses zweiten biblischen Schöpfungsberichtes den Jahwisten, seine Niederschrift uralter Mythen ist etwa 1000 vor Christi Geburt erfolgt und damit der älteste Teil der ganzen Bibel; er liegt weiter zurück als der Bericht Hesiods. Trotzdem bemerken wir schon in der ersten Zeile einen gewaltigen Unterschied zu Athen und Babylon: Es gibt nur einen Gott, und dieser eine schafft keine weiteren Götter, sondern macht Himmel und Erde, läßt ihn auf ihre trockene Oberfläche regnen und bereitet so den fruchtbaren Ackerboden. Und nun beginnt sofort das entscheidende Stück der Schöpfung: »Da formte Jahwe Gott den Menschen aus Erde vom Ackerboden und blies in seine Nase Lebensodem; so wurde der Mensch ein lebendiges Wesen« (1. Mos. 2, 7). Erst nachdem der Mensch geschaffen ist – unmittelbar und als erstgeborenes lebendes Wesen aus Gottes Hand –, setzt der Schöpfer sein Werk fort und damit die Deszendenz, die absteigende Linie der Herkunft. Er will dem Menschen »einen Beistand schaffen, wie er für ihn paßt. Da formte Jahwe Gott aus der Erde alle Tiere des Feldes und alle Vögel des Himmels« (1. Mos. 2, 18–19). Die Tiere, so sagt der Jahwist hier ganz eindeutig, sind jünger als der Mensch, später geschaffen und nur für ihn geschaffen, denn der Bericht fährt fort: »... und brachte sie zum Menschen, um zu sehen, wie er sie benennen würde. Und ganz wie der Mensch sie, die lebendigen Wesen, benennen würde, so sollten sie heißen« (1. Mos. 2, 19). Wir sind im Hinblick auf den Menschen also im jahwistischen Schöpfungsbericht noch in der Tradition der alten Mythen, die auch in Babylon und Athen galten, nur geht die Erschaffung der Welt über den Menschen hinaus, steigt ganz ausdrücklich hinein ins Tierreich und läßt uns dadurch nicht länger als unterste Stufe einer langen Treppe von Göttern und Halbgöttern erscheinen, sondern zeigt Adam als den ersten Gehilfen des Schöpfers, der zwischen Gott und den Tieren steht und über diese Tiere eine ähnliche Macht hat wie Gott selbst über den Menschen: ... denn wie er sie nennen würde, so sollten sie heißen!

Ein halbes Jahrtausend jünger ist die Priesterschrift, der andere biblische Schöpfungsbericht im ersten Kapitel der Genesis. Hier hat sich die Bewegungsrichtung der Schöpfung umgedreht, sie steigt nicht mehr von Gott über den Menschen zum Tier herab, sondern sie bewegt sich in den großen sechs Tagewerken von unten herauf, fährt zuerst mit dem Flammenwort »Es werde Licht!« in das Chaos und baut dann nacheinander eine Welt auf, die sich, aus Finsternis, Erde und Schlamm kommend, allmählich Gott wieder annähert. Das Trockene trennt sich vom Nassen, die Erde läßt junges Grün sprossen, Bäume mit Früchten und Samen am dritten Tag. Am vierten, erst nach den Pflanzen also und weit entfernt von der Qualität der Götter, die sie bei den Griechen noch hatten, entstehen die Gestirne als Leuchten und Uhren für die Lebewesen, die nach ihnen kommen werden, am fünften Tag die Fische im Wasser und die Vögel in der Luft und am sechsten die Tiere des Landes. Und nun, endlich, als das Sechstagewerk beinahe fertig ist, berät sich Gott mit seinem Hofstaat und beschließt, der Schöpfung die Krone aufzusetzen: »Und Gott schuf den Menschen nach seinem Bilde« – wie beschwörend wiederholt die Priesterschrift diese ungeheuerliche Verheißung gleich noch mal, damit sie auch jeder wirklich höre –, »nach dem Bilde Gottes schuf er ihn: als Mann und Weib schuf er sie« (1. Mos. 1, 27). Er segnet seine Schöpfung und setzt den Menschen feierlich als deren Herrn ein: »Seid fruchtbar und mehret euch und bevölkert die Erde und macht sie euch untertan und herrscht über die Fische im Meer und die Vögel am Himmel und über alles Getier, was sich auf Erden tummelt« (1. Mos. 1, 28). Diese Einsetzung des Menschen als absoluten Herrn über die Tiere hatte auch der Jahwist schon gekannt, aber bei ihm mußte erst noch die Sintflut kommen, in der mit den ersten Nachfahren Adams auch das paradiesische Gebot versank, nur von den Pflanzen zu essen. Zu Noah und seinen Söhnen aber spricht dann auch Gott Jahwe die gleichen Worte: »Seid fruchtbar und mehret euch und füllet die Erde« (1. Mos. 9, 1), und er fügt hinzu: »Alles, was sich regt und lebendig ist, diene euch zur Nahrung, wie das Grün des Krautes gebe ich euch das alles« (1. Mos. 9, 3).

Im Bild der biblischen Schöpfungsberichte erkennt sich der Mensch als von vornehmer, direkter Abstammung, höher als die Tiere und ihnen unendlich überlegen. Zwar ist er aus der Hand desselben Schöpfers entsprungen, ist vom gleichen lehmigen Akkerboden gebildet, aber er ist als der Herr eingesetzt, sie sind die Knechte, die in »Furcht und Schrecken« vor dem Menschen zittern. In dem neuen Bund, als dessen Zeichen Gott den Regenbogen errichtet, verheißt er Noahs Nachkommen die Partnerschaft. Was im Gilgamesch der einzelne als Held wagte, was die Söhne des Prometheus sich in wildem Renegatentum ertrotzen wollten, ist in diesen Schöpfungsmythen schrittweise weitergeführt: der Mensch als dienendes *und* herrschendes Wesen, als Mittler zwischen den Mächten des Himmels und den Lebewesen der Erde. Als letzte Antwort auf das »Erkenne dich selbst!« findet der Gläubige im Tempel der Religion die Verheißung der Gottesebenbildlichkeit und damit einen königlichen Platz im System der Welt. Wenn er diese Verheißung anerkennt, wenn er glaubt, verläßt er den Tempel getröstet: Er ist den Göttern ähnlich und sie ihm. Diesen Glauben an die eigene Größe, der sich mit der inneren Gewißheit des menschlichen Selbstverständnisses deckt, haben wir den Urgrund genannt, auf dem die Fundamente des Gebäudes ruhen, das nun vom wissenschaftlichen, philosophischen Denken errichtet werden wird.

Die Wiege dieses Nachgrübelns und Philosophierens über die Welt und uns selbst finden wir für unsere Kultur in Griechenland, und wir finden hier dieses Nachdenken sogleich gekoppelt mit dem Bemühen, Erfahrungen über die Natur in das System einzuschließen, der zweiten Instanz der Philosophie also mit den empirischen Fakten der dritten Instanz zu Hilfe zu eilen. Doch sind diese Erfahrungen noch gering, naturwissenschaftlich exakte Beobachtungen sind mit den Mitteln jener Zeit allenfalls im Gang der Gestirne zu machen, die Beobachtung der lebendigen Natur steht noch ganz in den Anfängen und entwickelt sich viel langsamer als die Schärfe des abstrakten Denkens.

Als erster der ionischen Naturphilosophen, die 600 Jahre vor Christi Geburt und fast noch als Zeitgenossen Hesiods für uns erkennbar werden, taucht Thales von Milet auf. Auch bei ihm, wie in allen Mythen der Schöpfungsberichte, ist das Wasser, die

Feuchte, die eigentliche Gebärerin des Lebens. Wie sollte es anders sein, wo doch die Erfahrung jeden Bewohner des trockenen Mittelmeerklimas lehrt, daß der dürre, von der Sonne ausgetrocknete Boden sich nach dem Regen begrünt und mit tierischem Leben füllt und daß im Wasser der Flüsse und Meere die Fische in unerschöpflicher Menge wimmeln. So kommt es bei Anaximander, einem Schüler des Thales, zu der erstaunlichen Aussage, daß sich aus den Wassertieren erst später die Landtiere gebildet hätten und aus den lebendgebärenden Haien schließlich der Mensch! Hier wird also der Gedanke der Evolution geboren, der aber bald wieder in einen mehr als zweitausendjährigen Schlaf versinkt. Milet fällt im Persersturm, und übrig bleibt von der ionischen Naturphilosophie nur der unerhörte, kühne Ansatz, der den griechischen Geist von nun an prägen wird: der Wille, diese Welt und uns selbst rational zu verstehen und die Gesetze des Kosmos mit unseren eigenen Gedanken nachzuzeichnen.

Bei Empedokles ergibt sich ein halbes Jahrhundert später ein neuer Ansatz, und hier finden wir zum erstenmal – zweitausend Jahre vor Haeckel – eine »natürliche Schöpfungsgeschichte«, die sich den Schöpfungsmythen direkt entgegenstellt: aus den vier Elementen, aus Feuer, Wasser, Luft und Erde, wird in ständiger Mischung und Entmischung die Welt, von den leblosen Dingen bis zu den Göttern. Zunächst bilden sich einfache Formen, Bruchstücke, einzelne Augen, Arme, Beine; diese setzen sich später in Anziehung und Abstoßung, in Liebe und Haß, zu ganzen Organismen zusammen, aber auch zu Monstrositäten und Mißgeburten. So sind nach den Tieren auch die Menschen entstanden, so schließlich auch, sozusagen auf dem Wege der natürlichen Auslese des Tüchtigsten, die Götter. Wer der Autorität des Empedokles folgen will, für den ist der Mensch jetzt ein Wesen hoch über den Tieren, fast ein Durchgangsstadium zu göttlichen Wesen, und wirklich wird dieser Weg der Seelenwanderung gewiesen. Aus Naturphilosophie sind reine Philosophie und Gnosis geworden, diese erstarren zur Ideologie, und die Autorität des einen einzigen wird zentral: Man bietet Empedokles die Königswürde an, doch er zieht es vor, sich in den Ätna zu stürzen.

Sein Zeitgenosse Demokrit sucht in Verdünnung und Verdichtung der Materie den Grundvorgang des Naturgeschehens und findet zuletzt, »nichts existiert wirklich als die Atome und der leere Raum«. Ständig bewegen sich diese Atome in unauflösbarer, niemals abreißender Kette von Ursache und Wirkung. Zwar nennt sich Demokrit einen Empiriker, doch hält er zugleich alle Sinneswahrnehmungen für Schein. Der Zweifel am naiven Selbstverständnis des Wahrgenommenen als der Wirklichkeit tritt hier erstmals auf, eine tiefe Unsicherheit des Menschen angesichts seiner selbst beginnt. Denn auch sein Geist und seine Seele bestehen ja nur aus solchen Atomen, die sich, wie bei Tieren und Pflanzen, wie in Erde und Wasser, zusammengefunden haben nach den immanenten Gesetzen der Materie und die sich wieder trennen werden, um nach den gleichen Gesetzen an anderen Orten wieder zu anderer Materie zusammenzutreten. Eine historische Entwicklung der Welt gibt es nicht, alles ist zugleich vergangen und zukünftig, wirklich ist allein und für alle Zeiten das gleiche Gesetz der Atome. Mit dieser deprimierenden Feststellung Demokrits – die sich über die Epikureer bis in das materialistisch-pessimistische Weltbild eines Teiles der heutigen Naturwissenschaften fortsetzt – ist der erste Versuch der menschlichen Ortsbestimmung aus eigener Kraft zu einem betrüblichen Ergebnis und vorläufigen Ende gelangt. In dieser Instanz ist unter dieser Autorität keine tröstliche Auskunft für das *nosce te ipsum* zu holen, sondern nur die verzweifelte Einsicht Faustens: »den Göttern gleich ich nicht, zu tief ist es gefühlt: dem Wurme gleich ich, der den Staub durchwühlt!«

Die weitere Entwicklung griechischen Denkens geschieht daher nicht in den empirischen Naturwissenschaften, sondern gründet sich nun in Athen auf das Nachdenken über ethische Fragen, setzt also den Menschen und sein Handeln wieder in den leeren Raum der Atomiker ein. In der idealistischen Philosophie des Sokrates und Plato wird gewissermaßen wieder in der Richtung nach oben gedacht. Aus der Begriffswelt des Menschen, aus seiner Sprache und seinem Tun, werden Oberbegriffe aufgebaut, und schließlich werden in einer fast schon wieder göttlich zu nennenden Sphäre reiner Geistigkeit, weit oberhalb der Scheinwelt des Wahrnehmbaren, die ewigen, unwandelbaren »Ideen« erkannt. Dies ist die andere, bis in unsere heutige Naturwissenschaft sich fortsetzende und fortwirkende philosophische Grundaussage des klassischen Griechenland. In der Athener Akademie wird das Denken, die formale Logik gelehrt, die Kunst, mit den Kräften des eigenen Verstandes richtig umzugehen und falsche Aussagen zu vermeiden, und hier begegnet uns nun der Mann, der diese Kunst mit exakter Naturbeobachtung verbindet und so auf dem Fundament des Denkens ein Gebäude kritisch bewältigter Fakten aufführt, das fast genau 2000 Jahre lang Bestand haben wird und in dem der Mensch einen Platz findet, der ihm für eine ganze Menschheitsepoche unbestritten bleibt: Aristoteles aus Stagira.

Wiederum wird die Welt in einem großen System von oben her aufgebaut: Eine göttliche Ur-Vernunft hat als Urheber der Weltordnung die Natur angestoßen und in Bewegung gesetzt, und in dieser Bewegung verwirklichen sich nun die Ideen, indem sie in gestufter Rangordnung ins Stoffliche herabsteigen und sich als geformte Dinge über den amorphen Stoff schichten. Es bildet sich eine Stufenpyramide, an deren Spitze Gott steht, der Primus motor, darunter die Gestirne mit der reinen Mathematik ihrer Umlaufbahnen. Unter diesen steht der Mensch als einziges mit Vernunft begabtes, denkendes Lebewesen; dann folgt die Stufe der Tiere mit der empfindenden aber nicht denkenden Seele und schließlich die der Pflanzen mit der zwar lebenden aber nicht empfindenden Seele. Zwischen diesen Stufen des Aristoteles gibt es keine Übergänge, keine Durchlässe: »Die Natur macht keine Sprünge«, sagt er ausdrücklich.

Der Mensch hat damit eine unanfechtbare und unverlierbare Stellung im Weltall: Er steht als vernunftbegabtes Wesen unter den Gestirnen (die für den Griechen immer zugleich etwas Göttliches sind, wie ihre Namen uns deutlich zeigen), aber er steht ebenso eindeutig über den Tieren, die zwar leben und fühlen, aber nicht denken können. Wir verlassen also die Akademie der Philosophen wieder erhobenen Kopfes. Sie zeigt uns seit Aristoteles, und bald schon ganz ausdrücklich im Namen des Aristoteles, unseren Ort in der Welt an der gleichen Stelle, wo ihn auch die Schöpfungsmythen der Religionen uns zugewiesen hatten: zwischen Göttlichem und Tierischem. Die Hoffnung des Gemüts und die Gewißheit des Verstandes werden dem nach sich selbst fragenden Menschen hier also von zwei Instanzen übereinstimmend bestätigt, ja scheinbar sogar von allen dreien, denn der Augenschein und die eigene Erfahrung bezeugten es ja jedem Griechen, was die beiden autoritären Instanzen des Mythos und der Philosophie verkündeten: Jedes Tier bewies ihm seinen Mangel an Vernunft, seinen Mangel an ethischen Tugenden, und jeder Mensch war nur zu gerne bereit, Vernunft und Tugend in sich selbst zu entdecken.

An diesem Punkt der Geschichte angelangt, müssen wir die griechische Philosophie und die Naturwissenschaft der Antike verlassen, denn beide treten nun für mehr als ein Jahrtausend in den Schatten, weil ein neues Licht den Raum unserer geschichtlichen Vergangenheit erhellt. Das Christentum, von den Aposteln aus der äußersten römischen Provinz in das neue Zentrum des Abendlandes getragen, erfaßt als mächtige Bewegung die Menschen aller Nationen und setzt mit seiner »Torheit«, die sich von allem Äußeren abwendet, den der Welt zugewandten hellenischen Geist fast ganz außer Kraft. Es geht nicht länger um kühles Denken und kritisches Beobachten, man mißtraut diesen Tugenden des Kopfes, man läßt ab von der »hohlen und neugierigen Forschungssucht, die sich Wissen und Wissenschaft nennt«, wie Augustin sagt, und man wendet sich nach innen, entzieht sich der äußeren Natur und seinem eigenen Leib als dem Sitz der Sündhaftigkeit und mobilisiert wieder mächtig die Kräfte des Herzens: Vertrauen, demütigen Gehorsam, bedingungslosen Glauben. Die Wissenschaften fallen auf einen Tiefstand zurück, nur am Rande der Welt, in Byzanz und bei den Arabern, leben sie weiter, während das frühmittelalterliche Europa eine Menschheit zeigt, die geradezu wissenschaftsfeindlich sich mit ganzer Inbrunst in die Annahme der christlichen Offenbarung begibt. Wissenschaft ist jetzt Kenntnis der Worte Gottes, Forschung ist Erforschung der heiligen Schriften. Das »Erkenne dich selbst!« ist wieder ganz in den Tempel verwiesen, die Schöpfungsberichte der Juden, die nun Bestandteil der Heiligen Schrift der Christen werden, sind alleinige und unanzweifelbare Antwort auf alle Fragen nach unserer Herkunft und nach den Mitgeschöpfen. Was der Mensch ist, das ist über alle Zweifel erhoben und vollständig klar; er ist als erlöster und begnadigter Sünder das, was ihm die Genesis verheißen, was die Psalmen zum Lobe des Schöpfers gesungen und was ausdrücklich als Aussage über den Menschen in den Lehrbüchern des Neuen Testaments wiederholt wird: »Nur für eine kurze Zeit hast du ihn ein wenig niedriger gestellt als die Engel, mit Preis und Ehre hast du ihn gekrönt und hast ihn eingesetzt über die Werke deiner Hände!« (Heb. 2, 7).

Nur wo die Auskunft der Bibel nicht ausreicht, wo die Frage nach den tierischen Mitgeschöpfen über das hinausgeht, was die heiligen Schriften an Antworten bieten, kann sich in einem langen Zeitraum von mehr als tausend Jahren eine bescheidene Wissenschaft etablieren, die wir Zoologie nennen könnten, obwohl sie sich weniger an der Beobachtung der Natur als an der inneren Frömmigkeit der Forscher orientiert. Es ist die sogenannte ›Physiologus‹-Literatur, eine Art naturwissenschaftlichgeistlichen Kommentars zur Bibel, an dem die Kirchenväter und gelehrten Mönche jener ersten nachchristlichen Jahrhunderte arbeiteten. Die Tiere – so zeigte es uns der Jahwist – sind für den Menschen geschaffen, bei jedem Tier ist also die Frage zu stellen: Wozu ist es da? Was nützt es uns? Was ist sein Sinn? Stellte uns heute ein Kind oder ein naiver Erwachsener eine solche Frage, so werden wir als Zoologen abwehren: Deutung, Sinngebung, das ist etwas, das die Naturwissenschaft unserer Tage ablehnen muß als außerhalb ihres Auftrages. Sie kann und will nur beschreiben, wie die Dinge an sich sind – gerade dies aber ist dem mittelalterlichen, ganz in seinem Glauben geborgenen Menschen gleichgültig. Er ist in einer nur als grandios zu bezeichnenden Einseitigkeit in seinem Denken auf Gott und den Menschen bezogen und mißtraut der äußeren Welt. Nur wenn wir diesen fundamentalen Unterschied zwischen unserem heutigen, rational-kausalen naturwissenschaftlichen Frageansatz und dem völlig auf den Sinn und die Absichten des Schöpfers gerichteten Deuten des mittelalterlichen christlichen Forschers im Auge behalten, finden wir einen Zugang zu der Zoologie jener Zeit. Ein kleines Kapitel aus dem ›Physiologus‹ möge als Beispiel genügen:

»Der Specht ist ein bunter Vogel, er steigt auf die Bäume und klopft mit seinem Schnabel auf dieselben und horcht dann mit dem Ohr. Und wenn er findet, daß der Baum leicht und morsch ist, so baut er auf demselben sein Nest – wenn er jedoch kerngesund ist, so entfernt er sich schnell von dem Baum.« Das klingt alles recht gut beobachtet und nicht viel anders als auch in Aristoteles' Schriften. Aber anders als dort war dies alles nur ein Vorspiel zu dem, was als eigentliche Aussage nun folgt: »Wie der Specht, wenn er einen morschen Baum findet, auf ihm sein Nest baut, so tut es auch der Teufel in dem Menschen, denn wenn er ihn schwach findet auf dem Wege der Tugend in seiner Seele, so macht nicht nur er selbst in jedem Menschen Wohnung, sondern auch andere umherschweifende Geister. Wenn ihn aber jener mannhaft in Heiligkeit findet und im Glauben, so entfernt er sich von ihm.«

Damit ist in dieser Zoologie, die eigentlich eine *Theologie der Tiere* ist, der Sinn und Nutzen des Spechts für den Menschen dargelegt. Solcher Nutzen ist nicht immer nur symbolisch, soll nicht immer nur der Seele gelten, sondern viel öfter noch hat er den ganz handfesten Rang einer Medizin für die Krankheiten des Körpers. Hildegard von Bingen kommt in ihrem ›Mystischen Tierbuch und Arzneikunde‹ ohne Umschweife darauf zu sprechen. »Der Pirol ist warm und unstet und hat eine traurige Natur«, beginnt sie – und nur die Wärme könnten wir ihr allenfalls als naturwissenschaftliche Beobachtung zubilligen – und fährt fort: »Wenn jemand an Gelbsucht leidet, so bind ihm dies Vöglein mit allen Federn sterbend über den Magen, und die Gelbsucht wird in diesen übergehen und er selbst geheilt werden.« Ganz besonders soll uns hier noch interessieren, was die heilige Hildegard um die Mitte des 12. Jahrhunderts über den Affen berichtet, denn es handelt sich dabei um das Tier, mit dem unsere Zoologie des Menschen immer wieder konfrontiert werden wird, und zwar aus genau dem Grund, der auch in ihrem kurzen Text schon anklingt: »Der Affe ist warm, und weil er eine gewisse Ähnlichkeit mit dem Menschen hat, schaut er immer, was dieser tut, um es nachzumachen. Er hat aber auch die Tiernatur in sich, zeigt jedoch Mängel in beiden, so daß er weder das vollkommen machen kann, was der Mensch tut, noch was die Tiere tun. Da er in jeder der beiden Naturen schwach und unbeständig ist, ist nichts von ihm zur Zubereitung von Arzneien brauchbar.«

Kenntnis der Schrift, Naturbeobachtung, Kräuterrezepte aus uraltem Volksgut und die unerschütterliche Gewißheit, daß jedes Geschöpf von Gott für den Menschen geschaffen wurde, lassen eine merkwürdige magisch-gnostische Wissenschaft entstehen, die in der Form von Zauberrezepten, Amuletten und Wunderwässerchen bis an die Schwelle der Neuzeit fortlebt, wenn sie auch nicht lange die führenden Geister der Zeit befriedigen konnte. Noch dem Albertus Magnus wird ein ausführliches Rezeptbuch mit Zaubermitteln zugeschrieben, das jahrhundertelang im Umlauf blieb. Und bis in die Neuzeit, die an tierische Wundermittel für Krankheiten nicht mehr zu glauben vermag, setzt sich in der Literaturgattung der Fabeln die Überzeugung fort, daß die Tiere für den Menschen eine Aufgabe haben, nämlich Spiegel zu sein, die uns vorgehalten werden, damit wir in ihnen unsere eigenen Schwächen und Blößen erkennen.

Die Szene änderte sich wieder, als in der Haltung der christlichen Denker, der Theologen und der Ärzte jene Wandlung eintrat, die wir Scholastik nennen. Um das Jahr 1000 beginnt eine Annäherung der antiken Philosophie und Wissenschaft und der christlichen Glaubenslehre. Vor allem die Schriften des Aristoteles und der arabischen Gelehrten werden wiederentdeckt und in der Hochscholastik des 13. Jahrhunderts an Schulen und Universitäten zu einem einheitlichen System zusammengeschweißt, das sich in großen Werken darstellt und eine neue Epoche der Gelehrsamkeit und des wissenschaftlichen Forschens einleitet. Im dialektischen Versuch, Gegensätze miteinander zu versöhnen, entsteht zugleich die für die Scholastik so typische Ideologisierung der religiösen und philosophischen Inhalte. Die Autoritäten werden zu mächtigen Quellen mit Offenbarungscharakter. Was die Kirchenväter sagten, die Heiligen, und was andererseits die großen Denker der Antike, vor allem die drei Giganten Aristoteles, Hippokrates und Galen, geschrieben hatten – von alledem gilt das absolute: *Es steht geschrieben* oder *ipse dixit:* Er selbst hat es gesagt, mit dem jede weitere Diskussion endet. Im mächtigen Hochgefühl der Renaissance glaubt man, mit diesen Sätzen der Scholastik im Besitz aller ergründbaren Wahrheiten zu sein und nichts Neues mehr schaffen zu können und zu dürfen. Man zieht Bilanz, Thomas von Aquin und andere berühmte Gelehrte schreiben ihre großen »Summen«, die beiden Instanzen der Religion und Wissenschaft sind versöhnt und verschwistert, und der Mensch erkennt sich als den stolzen Besitzer und Verwalter der unvergänglichen Wahrheiten. Alles, was die dritte Instanz, die kritische Naturbeobachtung, noch beitragen könnte, hat sich als Disputation ins Innere des eigenen Systems verlegt und auf seine Inhalte gerichtet. Wie viele Haare der Teufel hat und wie viele Federn die Flügel der Engel, ob Fische atmen können und Salamander durchs Feuer schreiten – alles das und tausend andere Fragen werden durch Nachdenken und im Disput der Scholasten geklärt. Dem äußeren Augenschein, dem direkt Nachprüfbaren und von der Natur zu Erfahrenden, gilt stolze Verachtung: Auch Naturerscheinungen sind nicht durch Beobachtung und Experiment, sondern durch Befragung der heiligen oder antiken Autoritäten zu erklären.

Für das Bild des Menschen ist das System des Aristoteles wieder in alle Rechte eingesetzt, für die Kenntnis des menschlichen Körpers und seiner Krankheiten gelten nur zwei Autoritäten: Hippokrates, der erste der antiken Ärzte, und Galen, der letzte dieser Epoche, der im zweiten Jahrhundert nach Christi Geburt gelehrt hatte. Vieles über die Zoologie des Menschen war diesen alten Ärzten wirklich bekannt, manches an früheren Irrtümern hatte sich geklärt: So hatte Hippokrates noch gemeint, daß die Arterien und die linke Herzkammer des Menschen mit Luft gefüllt seien, aber Galen hatte diesen Irrtum berichtigt. So gut es ihm möglich war, vor allem durch Sektionen an Affen und Schweinen, hatte Galen die Anatomie des Menschen zu erforschen gesucht und seine Erkenntnisse in Büchern niedergelegt. Sie gingen praktisch unverändert auf die Byzantiner und Araber über, und als sie nun in der Scholastik ein Teil des philosophischen Weltbildes werden, ist Galen – 1000 Jahre nach seinem Wirken – zu einer Autorität geworden, der zu widersprechen ganz außerhalb des Denkmöglichen liegt.

Eine gespenstische Situation für unsere heutige, so ganz auf Beobachtungen gegründete Vorstellung von der Erkenntnis in den Wissenschaften: Für Jahrhunderte werden nun an den europäischen Universitäten »Vorlesungen« gehalten, für die zukünftigen Mediziner wird vom Professor aus den Büchern Galens vorgelesen, und zur Demonstration seziert allenfalls an einem Nebentisch ein Bader oder Schlächter gleichzeitig einen Hund und weist dessen Organe vor. Daß der Hund kein Mensch ist, auch im System des Aristoteles weit von ihm entfernt steht, weiß jeder der Hörer so gut wie der gelehrte Herr Doctor. Aber so stark ist das Vertrauen in die Autorität der antiken Meister, daß man zusammen mit den richtigen und zutreffenden Beobachtungen auch offenkundige Unrichtigkeiten hinnimmt. So las der Professor aus seinem Galen vor, daß der Unterkiefer des Menschen aus zwei Teilen bestehe. Beim Hund stimmt das auch, aber jeder Student, der sich nur einmal nachdenklich an sein Kinn faßte, konnte dort feststellen, daß es nur einen Knochen besitzt, da dessen beide Teile fest und nahtlos verwachsen sind. Da lehrte die Autorität, daß unser Brustbein aus acht Teilen bestehe, daß unsere Leber fünf Lappen besitze, und da forderte der biblische Schöpfungsbericht, daß beim männlichen Brustkorb auf einer Seite eine Rippe zu fehlen habe ... und alles dies entspricht doch nicht der Wirklichkeit, wie jeder Zweifler in jedem Augenblick hätte durch eigenen Augenschein nachprüfen können.

Aber man zweifelte eben nicht, man gab nichts auf den Augenschein, und man verzichtete auch in Vorlesungen und Büchern auf alle Bilder und Zeichnungen. Wie hatte doch der berühmte Pariser Medizinprofessor Sylvius noch zu Beginn des 16. Jahrhunderts gesagt?: »Anatomische Darstellungen sind wertlos und bestenfalls zum Zeitvertreib von Frauen und Kindern, nicht aber zur Vermittlung wissenschaftlicher Kenntnisse geeignet.« Und so nahm denn auch niemand die wunderbaren anatomischen Zeichnungen eines Leonardo da Vinci zur Kenntnis, in denen der menschliche Körper besser und exakter dargestellt wurde als an allen Universitäten seiner Zeit, sondern man verwandte seinen Scharfsinn lieber darauf, in Disputationen zu beweisen, daß die

Autoritäten auch dort noch recht hätten, wo klare Fakten dagegen sprachen. So hatte Galen auch behauptet, daß unsere Oberschenkelknochen krumm seien – wiederum eine Übertragung vom Hund auf den Menschen –, und es ließ sich doch einfach nicht leugnen, daß menschliche Beine gerade sind. Aber auch hier sprang Sylvius ein und erklärte, die Menschen hätten sich eben geändert seit Galens Zeiten, und er wisse auch warum: die engen Beinkleider der Hosenmode des Mittelalters seien schuld daran, daß aus den ehemals krummen Griechenbeinen die geraden Beine der Franzosen wurden.

Eine solche Verleugnung der dritten Instanz, der Vernunft, der kritischen Einbeziehung erfahrbarer Fakten in die Welterfassung, konnte nicht von Dauer sein, wie sehr auch die Allianz der beiden anderen Instanzen im Hochgefühl ihrer Sendung zu autoritärer Ideologie verhärtet war. Irgendwann mußte sich der Mensch auf die Kraft der eigenen Erfahrung besinnen und den Mut finden, zum Kampf gegen die Autorität der Giganten anzutreten, wo die Fakten ihnen entgegenstanden.

Es ist das Jahrhundert der Reformation, das diesen Protest und diesen Durchbruch bringt. Im Bereich der Kirche beginnt es mit dem Wittenberger Mönch Martin Luther, der dem mächtigen Kaiser sein »Hier stehe ich, ich kann nicht anders« entgegenruft. In der Naturwissenschaft endet es mit dem Tode Giordano Brunos auf dem Scheiterhaufen, auf dem doch die Überzeugungskraft der einmal erkannten Wirklichkeit nicht mehr zu vernichten ist. In der Anatomie, der Zoologie des Menschen, ist dieser Augenblick im Jahre 1542 erreicht. Ein Schüler des Sylvius, der 28jährige belgische Anatomieprofessor Andreas Vesalius in Padua, wagt es, der Autorität Galens zu trotzen und ein Lehrbuch herauszugeben, in dem der Körper des Menschen so beschrieben und abgebildet ist, wie er selbst ihn in Hunderten von Sektionen erforscht hat. Er hat selbst nachgesehen, selbst geprüft, wie alle diese Organe, von denen Galen schreibt, nun wirklich beim Menschen aussehen, und er läßt sich von dieser Erfahrung durch kein antikes Zitat mehr abbringen. Die Abbildungen in seinem Buch ›De humani corporis fabrica‹, hinter denen manche die Meisterhand Tizians vermuten, sind von so großer künstlerischer Qualität und zugleich wissenschaftlicher Exaktheit, daß sie noch heute ein Lehrbuch der Medizin schmücken könnten.

Die Unsicherheit über die wirklichen Verhältnisse unserer Anatomie, über Ähnlichkeiten und Unähnlichkeiten mit dem

Affen und dem Hund, ist mit einem Schlage geschwunden, und damit ist ein Grad wissenschaftlicher Erkenntnis erreicht, hinter den man nicht wieder zurückfallen kann. Die dritte Instanz der Weltwahrnehmung ist in Hinblick auf den menschlichen Körper wieder in ihre Rechte eingesetzt. Für unsere Anatomie gilt wieder, was nun bald auch für die Bahnen der Gestirne gelten wird: Nicht wie die Religion und die Philosophie allein sie uns vorlegen, sondern zugleich auch so, wie die Natur selber sie unserer kritischen Beobachtung offenbart, ist die Welt beschaffen. Und nur, wenn alle drei Instanzen zu gemeinsamer Aussage gelangen können, ist diese Welt befriedigend gedeutet.

Der menschliche Körper ist nur ein kleiner Teil dieser Welt und nur ein geringes Objekt der Theologie und Philosophie. So war das Echo auf Vesalius' Tat zunächst nur bescheiden: Er brauchte weder zu brennen wie Bruno noch zu widerrufen wie Galilei. Aber dennoch steht fest, daß für die Zoologie des Menschen die entscheidende »galileische Wende« von der Tradition zur kritischen Beobachtung fast einhundert Jahre früher eintrat als für die Wissenschaft vom Kosmos und seinen Sternen. Für das »Erkenne dich selbst!« hatte damit der »Aufbruch aus der selbstverschuldeten Unmündigkeit« begonnen, wie Kant später die Aufklärung nannte, und damit war der Weg frei für eine Entwicklung, die sich geradlinig bis in unsere Zeit fortsetzt. Wir werden sehen, wie aus diesem Aufbruch der Naturwissenschaften das moderne Bild des Menschen entsteht, das uns heutigen die Antwort gibt auf die alte Frage nach uns selbst.

Die Grenzen zwischen Tier und Mensch

Daß es den Menschen und die Tiere gibt, ist eine Feststellung, die jedes Kind in einem frühen Stadium seiner geistigen Entwicklung macht und die sich auch in den Mythen der Völker und in den Denksystemen der Philosophen deutlich niederschlägt. In dieser Überzeugung drückt sich die Beobachtung aus, daß alle noch so unterschiedlichen Menschenrassen und Typen einander in Wesentlichem gleichen, daß aber die Tiere bei aller Vielfalt der Formen sich vom Menschen grundlegend unterscheiden, wobei ihr bestimmendes, sie alle verbindendes gemeinsames Merkmal eben ihre Nicht-Menschlichkeit ist, ihr völliges Anderssein als wir. Im Weltsystem des Aristoteles hatte diese Grundeinsicht einen deutlichen Ausdruck gefunden, sein System der Lebewesen blieb daher bis an die Schwelle unseres Jahrhunderts gültig, ja in den Kategorien unserer Sprache und im alltäglichen Denken gilt es noch heute. Der Mensch, so lehrte Aristoteles, ist das einzige vernunftbegabte Lebewesen unter dem Himmel, eine ganze Stufe unter ihm stehen die Tiere, die zwar empfinden, aber nicht denken können, und noch tiefer stehen die Pflanzen, die zwar leben, aber nicht empfinden. Diese Stufen sind zugleich eherne, unüberschreitbare Grenzen: »Die Natur macht keine Sprünge«, sagt der Philosoph.

Aber gerade so, wie sich die Götter der Griechen nicht an die Stufen und Rangordnungen hielten, sondern zu den Menschen herabstiegen und einzelne auch zu sich heraufholten, so nahm es auch der Mensch zu keiner Zeit genau mit der strengen Stufung zwischen ihm und den Mitgeschöpfen. Neben dem deutlichen Gefühl, etwas anderes zu sein als jedes Tier, gibt es auch die Erfahrung, daß Tiere uns sehr nahe sein können, daß sie uns verwandt sind, so daß wir ihre Regungen verstehen und uns mit ihnen verständigen können, und daß wir ihre eigene Lebensart auch in manchen unserer Handlungen wiederfinden. Der heimkehrende Odysseus beweint in seinem treuen Hund Argos den einzigen Freund, und Alexander, der große Schüler des Aristoteles, errichtet seinem toten Lieblingspferd Bukephalos ein königliches Grabmal.

Es stellte sich dann auch im Christentum trotz seiner klaren Lehre vom Herr-Knecht-Verhältnis von Mensch und Tier eine merkwürdig doppelsinnige Beziehung zwischen ihnen her, die nach beiden Richtungen die Grenze durchlässig machte. Da wird einerseits das Tier, die Bestie, zum Abbild des Teufels und seines Wirkens: alles Natürliche und vor allem alles Geschlechtliche in uns wird als sündhaft und tierisch empfunden. *Tier* wird zum Schimpfwort unter den Menschen und das weibliche Tier zum Inbegriff aller apokalyptischen Versuchung, der man bis auf den Berg Athos entfliehen muß, wenn man diesen augustinischen Weg ganz konsequent verfolgen will. Auf der anderen Seite liegt der franziskanische Weg, der im Tier den unschuldigen, niederen Bruder des Menschen erkennen will, ein nicht aus dem Paradies vertriebenes, reines Geschöpf, wie das Lamm, das zum Sinnbild der Tugend wird, und wie die Vögel, denen der Mensch das Lob des Schöpfers predigt, so wie sie es ihm singen.

Im modernen naturwissenschaftlichen Weltbild unserer Tage haben sich so viele zunächst für unübersteigbar gehaltene Stufen in der Welt zu einem Kontinuum aufgelöst, daß auch eine absolute Grenze zwischen Mensch und Tier nicht mehr klar erkennbar ist und daher in dem Maße fragwürdig wird, in dem die zoologische Kenntnis über höhere Tiere und zugleich die wissenschaftliche Erforschung ihres Verhaltens fortschreiten. Wir werden sehen, wie die Naturwissenschaft der letzten Jahrhunderte den Menschen Stück für Stück von dem Podest seiner kreatürlichen Einmaligkeit herabholte und die klare Stufung, der er seine Sonderstellung verdankte, als Grenze zwischen Mensch und Tier langsam, aber unaufhaltsam abbaute. Daß dabei das menschliche Selbstverständnis bis auf den Grund erschüttert wurde, mußte in Kauf genommen und mutig ertragen werden, aber wir werden später auch sehen, daß diese Entmythologisierung den Weg frei macht für ein neues wissenschaftliches Menschenbild, das um den Preis der unnatürlichen Illusionen den Zugang zum Verständnis seiner natürlichen Würde und Einmaligkeit gewinnt.

In drei ganz verschiedenen Wissenschaftsbereichen erfolgte diese Nivellierung, die den Menschen seiner Einmaligkeit zu berauben scheint, indem sie die Stufen der Pyramide abschleift und an ihrer Stelle ein Kontinuum allmählicher Übergänge freilegt. Wir wollen zunächst die älteste, *phänomenologische* Entwicklung betrachten, das Niederreißen der Grenzen im zoologisch-anatomischen Bereich der Menschenkunde. Am Anfang dieses Weges stand merkwürdigerweise zunächst einmal die Erkenntnis, daß gerade dort eine Grenze zwischen Mensch und Tier lag, wo sie die Autoritäten nicht zugelassen hatten. Aristoteles, später der unanfechtbare Meister der Scholastik, hatte bei der Behandlung der Affen in seinem Tierbuch ausdrücklich und wörtlich gesagt: »Alle hierher gehörigen Tiere gleichen in den inneren Organen dem Menschen« (Tierkd. 2,37). So konnte ein halbes Jahrtausend später der weitgereiste Arzt Galen, da ihm anders als den Zeitgenossen des Aristoteles Sektionen am Menschen nicht erlaubt waren, durch genaue und gründliche Erforschung des Körpers von Affen die Grundlagen der Medizin und Anatomie des Menschen zusammenstellen, wobei er viele sehr gute Beobachtungen machte, daneben aber, wie wir gesehen haben, auch viele Irrtümer einbrachte. Was dann wenige und kühne einzelne, oft in gefährlicher Heimlichkeit, an menschlichen Leichen erkennen – Mondino und später Berengar in Bologna und der große Leonardo da Vinci um 1500 in Mailand –, das wird in der Tat des Vesalius 1542 zu Padua zur *galileischen Wende* in der Zoologie des Menschen: Über unsere Organe und ihre Lage und Funktion kann von nun an nicht mehr die Autorität der Antike und nicht mehr die Untersuchung an Hunden und Affen Auskunft geben, sondern allein die Erforschung des menschlichen Körpers.

Damit aber ist zunächst eine wichtige neue Grenze errichtet: denn der Körper des Menschen erweist sich als deutlich anders gebaut als der des Affen, zahlreiche Unterschiede in der Anatomie lassen sich zwischen beiden nachweisen. Diese uns heute erstaunlich klingende Feststellung läßt sich erst verstehen, wenn man berücksichtigt, was im Altertum und Mittelalter unter »Affen« verstanden wurde. Aristoteles kannte nur die langschwänzigen Meerkatzen, den Pavian und den schwanzlosen Berberaffen, an dem Galen später seine Sektionen durchführte, und so ist es also kein Wunder, daß der zoologische Vergleich neben Gemeinsamkeiten auch viele Unterschiede zum Vorschein brachte. Erst 150 Jahre später ändert sich das Bild, als die Affenarten entdeckt werden, die nun wirklich eine starke Ähnlichkeit mit unserer Organisation aufweisen, die Menschenaffen, wie wir sie daher heute nennen. Der englische Anatom Tyson kann 1699 den ersten Schimpansen untersuchen, und er stellt dabei voller Erstaunen fest, daß dieses Lebewesen in 47 mit dem Menschen gemeinsamen Merkmalen von allen bisher bekannten Affen abweicht. Andererseits zeigt der »Pygmie« in 34 Merkmalen deutliche Unterschiede zum Menschen, so daß Tyson zu dem Schluß kommt: »Obgleich er einem Menschen in vielen seiner Teile so sehr ähnlich ist, mehr als irgendein anderes Tier in der Welt, das ich kenne, so betrachte ich ihn doch durchaus nicht als das Produkt einer Kreuzung – es ist ein Tier sui generis und eine besondere Spezies von Affen.«

Die Verwirrung um das zoologische Bild des Menschen ist nun groß, zu den anatomisch nachweisbaren Gemeinsamkeiten mit den Menschenaffen treten noch alle die fabelhaften Erzählungen, die von den Reisenden aus fernen Ländern mitgebracht werden und deren kritische Nachprüfung zunächst nicht möglich ist: In den Urwäldern Afrikas soll ein bösartiger, schwarzer Riese hausen – der Gorilla – und in den Dschungeln Javas ein anderer *Waldmensch* – der Orang Utan (was übrigens in der Sprache der Malayen ebenfalls Waldmensch heißt). Dieser Menschenaffe, so sagen die Javaner, kann sogar sprechen, aber er ist zu schlau, es zu tun, denn sonst müßte er arbeiten!

Als der schwedische Naturforscher Carl von Linné im Jahr 1735, fast genau 2000 Jahre nach Aristoteles, einen ersten neuen Versuch unternimmt, das *System der Natur* zu beschreiben und jedem Lebewesen seinen Platz darin zuzuordnen, zieht er die Konsequenz aus der neuen Situation und bricht dabei entschlossen mit einem alten Gesetz. Die Gattung Homo – der Mensch – war von Albertus Magnus, dem großen Meister der Hochscholastik, als eigene Kategorie nur mit einem einzigen bestimmenden Inhalt gefüllt worden, was formal sogar im Gegensatz zu Aristoteles' Grundgesetzen der Gattungslogik stand: Diese Gattung beherbergte als alleinige Art den Menschen in seiner einsamen Größe. Nun aber setzt Linné in seinem System der Natur in diese Gattung Homo zwei Arten; nämlich uns, den *Tagmenschen,* den er später Homo sapiens nennen wird, und den *Nachtmenschen,* in dessen Beschreibung wir Tysons Schimpansen und zugleich den Orang Utan wiedererkennen. Von diesem Nachtmenschen, unserem Nachbarn im System, berichtet Linné, daß er etwas kleiner ist als wir, ein helles Haarkleid besitzt, 25 Jahre alt wird, braungoldene Augen hat und sich tags lichtscheu verbirgt, nachts aber umherschweift. »Und wenn man den Reisenden glauben darf«, fährt Linné etwas skeptisch fort, »so kann er auch denken: er glaubt, daß die Erde für ihn gemacht worden sei und daß er einst über sie herrschen werde« (Syst. Nat. 1757, Ed. X, p. 24, Fußnote). Also auch der Menschenaffe, der Nachtmensch, besitzt demnach ganz offensichtlich die Vernunft, den göttlichen Nous, der doch nach Aristoteles unser Geschlecht von allen Tieren unterscheiden sollte!

Bei solcher Ähnlichkeit zwischen dem Menschen und dem ihm

nächsten Affen mußte man sich denn fragen, wo überhaupt noch ein echter Unterschied zwischen beiden liegt. Linné erwägt daher auch, ob sein Nachtmensch aus Java nicht einfach nur eine Varietät des Homo sapiens sei, wie die »geschwänzten und haarigen Feuerländer«, von denen er gehört hat und für die er diese Frage nicht entscheiden möchte. Aber er findet dann doch, daß der Besitz einer Nickhaut im Auge den Orang hinreichend als eigene Art neben dem Menschen ausweist. Auch Bastarde zwischen Mensch und Menschenaffen hält er durchaus für möglich und hat einmal erwogen, ob die Hottentotten nicht etwa auf diese Weise einzustufen wären.

Erst als der Göttinger Anatom Blumenbach die Rassen der Menschheit gründlich untersucht, kann er alle Spekulationen über Nachtmenschen und Affenbastarde ins Reich der Fabel verweisen; aber noch lange bleiben die Philosophen beunruhigt durch die geradezu bedrohliche Nähe, in die das Tier in Gestalt der höheren Affen dem Menschenbild gerückt ist. Man sucht weiter nach den *Humana*, den unterscheidenden Körpermerkmalen, und kann sie doch um so weniger finden, je genauer man Mensch und Affen erforscht. Im Gegenteil, man entdeckt bei diesem Bemühen immer weitere gemeinsame Züge in der Organisation der höheren Tiere und beginnt zu begreifen, daß die Vielfalt der Tierformen sich einigen wenigen Bauplänen zuordnen läßt und daß alle Säugetiere mit dem Menschen eine einheitliche körperliche Konstruktion besitzen. Diese Entdeckung begeistert die Denker der Romantik, Goethe entwirft den Plan einer Urpflanze und sucht nach dem Urtypus der Tiere. Bei diesem gezielten Suchen fällt dann auch das letzte *Humanum*, das sich als körperliche Grenze zwischen Mensch und Tier auch bei Blumenbach noch gehalten hatte: der Zwischenkieferknochen, den alle Säugetiere aufweisen, wird von ihm auch im Menschenschädel gefunden und erfüllt ihn, wie er begeistert an Herder schreibt, »mit unsäglicher Freude«. »Die Alten kannten schon diesen Knochen«, schreibt Goethe, »und neuerdings ist er besonders merkwürdig geworden, da man ihn als ein Unterscheidungszeichen zwischen dem Affen und Menschen angegeben ..., und wenn in natürlichen Dingen nicht der Augenschein überwiege, so würde ich schüchtern sein aufzutreten und zu sagen, daß sich diese Knochenabteilung gleichfalls bei dem Menschen finde« (1784 handschriftl., 1820 publ.). Goethes Freude gilt dem Niederbrechen einer als unnatürlich empfundenen Grenze, denn so klar es ihm und seinen Zeitgenossen war, daß der Mensch sich geistig hoch über alle Tiere erhebt, so wenig wollte ihm einleuchten, daß sein Körper nicht völlig in den Typus der Säugetiere hineinpassen sollte. Gerade das gänzliche Zugehören des menschlichen Körpers zum Reich der Tiere war der rechte Hintergrund, um die geistige Größe des herausragenden Verstandes zu beleuchten. Das Weltbild des Aristoteles gilt weiter im geistigen System, aber für die Zoologie des menschlichen Körpers ist nun die Stufung geschleift und die Solidarität mit dem Tierreich hergestellt.

Fast um die gleiche Zeit und in engem Zusammenhang mit dieser phänomenologischen Eingliederung der menschlichen Physis in das Tierreich beginnt auch auf einer zweiten Ebene der Abbau unseres Sonderrangs, nämlich in der *historischen.* Die Ähnlichkeit im Aufbau des menschlichen und des tierischen Körpers mußte ja eine Ursache haben, und alles drängte eigentlich darauf hin, einzusehen, daß diese Typengleichheit ähnlicher Lebewesen, die Goethe noch als »heiliges Rätsel« erschien, sich nur als Verwandtschaft, als Abstammung erklären läßt. Es ist für uns heute rückblickend fast unbegreiflich, wie zäh und uneinsichtig sich die Naturwissenschaftler mehr als 2000 Jahre lang gegen diese Erkenntnis gesträubt haben. Sie war doch schon einmal dagewesen: Die ionischen Naturphilosophen hatten ein halbes Jahrtausend vor Christi Geburt gelehrt, daß sich aus den Wassertieren die Landtiere und speziell aus den Haien die Menschen entwickelt hatten. Aber alles das war wieder vergessen worden.

Ein religiöses und philosophisches Vorurteil, ein klares Verdikt zweier Instanzen, verhinderte für Jahrtausende die Anhörung der dritten Instanz, der kritischen Beobachtung, die uns heute so selbstverständlich geworden ist. Dieses Vorurteil hieß: Die Schöpfung als Werk Gottes kommt herab von vollkommener Höhe und ist deshalb auch selbst vollkommen. Eine nachträgliche Veränderung der Arten ist daher unnötig; der Gedanke, daß eine Tierart sich hier auf der Erde, nachdem sie aus der Hand des Schöpfers gekommen ist, noch wandeln oder gar weiterentwickeln und vervollkommnen könnte, erscheint absurd. Meisterwerke sind nicht weiter verbesserungsfähig, und daher mußte es so sein, wie es die Zoologen von Aristoteles bis zu Linné konstatiert hatten: die Arten sind unveränderlich, sie sind so, wie sie Gott einst geschaffen hat. Folglich konnte auch keine verwandtschaftliche Beziehung zwischen ihnen bestehen; ob wir die heutige Tierwelt und den Menschen betrachten, ob wir in Noahs

Arche blicken oder in den Garten Eden: im gleichen, von Gott für alle Zeiten gesetzten Abstand voneinander finden wir die Geschöpfe, die unveränderlichen Meisterstücke des Schöpfers.

So mußte also mit diesem Vorurteil das »heilige Rätsel«, das den Philosophen und Naturforschern eine harte Nuß war, weiter ungelöst bleiben: Warum hatte der allmächtige Schöpfer so wenig Phantasie in seiner Schöpfung bewiesen? Warum hatte er weder gehörnte Hasen noch geflügelte Pferde, weder vierbeinige Schmetterlinge noch sechsbeinige Löwen geschaffen, sondern sich so konsequent bei allen seinen Werken an strenge Spielregeln gehalten: Alle warmblütigen Vierbeiner hatte er mit einem Fell versehen, alle warmblütigen Zweibeiner mit Flügeln, alle Insekten mit sechs Beinen, alle Spinnen mit acht. Und warum hatte er in seiner Allmacht nicht ein einziges wirklich klares Körpermerkmal als Unterschied zwischen den Menschen und die Tiere gesetzt, da er doch gleichzeitig den einen so ausdrücklich zum Herrn der anderen machte?

Tatsächlich hat sich Linné, an der Grenze zweier Zeitalter stehend, ganz im geheimen seine Gedanken darüber gemacht, wie diese strengen Spielregeln des Schöpfers wohl ausgesehen haben mögen: vielleicht, so schreibt er 1764 in einem Brief an einen Freund, hat Gott »von jeder Gattung erst mal nur eine Art gemacht und später dann die Gattungen gemischt, um neue ähnliche Arten zu erhalten?« Doch kommt man mit solchen Spekulationen nicht weiter. Erst der scharfe und kritische Geist von Immanuel Kant stößt 1790 in ein neues Denken vor. In der ›Kritik der Urteilskraft‹, einem späten Alterswerk, wo eine solche Stelle vor der Entdeckung durch Naturwissenschaftler recht gut versteckt war (denn sie haben den Gedanken dort erst nach mehr als hundert Jahren aufgefunden), schreibt der große Meister des klaren Denkens: »Die Übereinkunft so vieler Tiergattungen in einem gewissen gemeinsamen Schema, das nicht allein in ihrem Knochenbau, sondern auch in der Anordnung der übrigen Teile zum Grunde zu liegen scheint, ... läßt einen, obgleich schwachen Strahl der Hoffnung in das Gemüt fallen, daß hier wohl etwas mit dem Prinzip des Mechanismus der Natur, ohne den es überhaupt keine Naturwissenschaft geben kann, auszurichten sein möge.« Kant meint also, daß man auch hier im Bereich des Organischen zu dem »gewagten Abenteuer der Vernunft« antreten soll, nach Ursache und Wirkung als dem Mechanismus der Natur zu fragen, wie es in den anorganischen Wissenschaften, in Physik, Chemie und Astronomie längst üblich ist.

Und wirklich wagt er selbst dieses für ihn und seine Zeit so kühne Abenteuer und fährt fort: »Diese Analogie der Formen, sofern sie bei aller Verschiedenheit einem gemeinschaftlichen Urbild gemäß erzeugt zu sein scheinen, verstärkt die Vermutung einer *wirklichen Verwandtschaft* derselben in der Erzeugung von einer gemeinschaftlichen Urmutter« (Kr. Urt. II, § 80).

Damit ist der Abstammungsgedanke erstmals und noch ganz verborgen im Bereich der Philosophie eingepflanzt. Er wird sich in dieser Instanz sehr allmählich durchsetzen, doch erst müssen nun die Naturwissenschaften selbst noch zu diesem neuen Ansatz gelangen, damit von der dritten Instanz, der empirischen Forschung her, Fakten und Beweise zu seiner Stützung herbeigeschafft werden. Der französische Denker und Biologe Lamarck, einer der großen Naturforscher am Pariser Jardin des Plantes der Französischen Revolution, stößt in seiner ›Philosophie zoologique‹ zur gleichen Aussage vor. »Alle Organismen unseres Erdkörpers«, so schreibt er 1809, »sind wahre Naturerzeugnisse, welche die Natur in langer Zeit allmählich hervorgebracht hat.« Er macht sich auch Gedanken darüber, wie es zu dieser Entwicklung neuer Formen gekommen sei, und denkt dabei an die »umändernde Wirkung neuer Standorte und neuer Gewohnheiten«. Das ist eine Spekulation, der keine biologische Erfahrung zu Hilfe kommen kann, und so bleibt Lamarcks Gedanke unbeachtet. Auch Goethe, der doch diese Frage so intensiv verfolgte, hat nie davon erfahren.

Aber im Jahre 1832, als Goethe stirbt, segelt ein junger englischer Naturforscher um die Welt und findet dort in der Fauna isolierter Inseln und in den Fossilien früherer Tierformen so viele offenkundige Hinweise auf die natürliche Abstammung der Arten, daß er sie – fast wider seinen Willen – nicht länger übersehen kann. Es sei ihm, als habe er einen Mord zu gestehen, sagte Charles Darwin später zu seinen Freunden, denen er sein Geheimnis entdeckt, denn er weiß wohl, daß mit der Erkenntnis der Abstammung ein Jahrtausende altes System der Philosophie und der Theologie zusammenbricht. So vergehen mehr als zwanzig Jahre zögernden Überprüfens und immer neuen gründlichen Nachdenkens, ehe Darwin endlich 1859 das Buch veröffentlicht, das wir als das wichtigste biologische Werk des ganzen Jahrhunderts bezeichnen können: ›Die Entstehung der Arten durch natürliche Zuchtwahl, oder das Überleben der tüchtigsten Rassen im Kampf ums Dasein.‹ In diesem langen Titel klingt bereits alles an, was seine besondere Bedeutung ausmacht. Denn nicht nur, *daß* die Arten veränderlich sind und voneinander abstammen, wird hier behauptet und bewiesen, sondern zugleich zeigt Darwin auch, *wie* es zu dieser Veränderung in der Natur kommt: durch die Auslese des jeweils Besten aus einer großen Zahl unterschiedlicher Varietäten, die als erbliche Veränderungen – Mutationen – bei jeder Art im Verlauf ihrer Geschichte auftreten. Was Darwin selbst auch für die Abstammung des Menschen eindeutig, aber noch recht vorsichtig formuliert, wird dann von seinen Interpreten, vor allem Ernst Haeckel in Deutschland und Thomas Huxley in England, klar und für jedermann hörbar ausgesprochen: Der Mensch stammt vom Affen ab!

Das ist ein scharfer Gegensatz zur biblischen Lehre von der Herkunft des Menschen. Ausdrücklich setzt Haeckel der Genesis, also der biblischen Schöpfungsgeschichte, seine *natürliche Schöpfungsgeschichte* entgegen, und so ist es unvermeidlich, daß die Kirche als Wahrerin der christlichen Offenbarung in entschiedenen Gegensatz zur Naturwissenschaft gerät. Die drei Instanzen, von deren einhelligem Urteil der Mensch sich die Bestimmung und Deutung seines Platzes in der Welt erhofft, geraten in ihre schärfste Auseinandersetzung in diesem Jahrtausend der Geschichte. Beide Fronten erstarren dabei zu ideologischer Härte, und der um Antwort auf sein *Erkenne dich selbst!* ringende Mensch sieht sich vor einer nie vorher gekannten »peinlichen Alternative«, wie F. Th. Vischer es nannte: »entweder in Widerspruch mit Vernunft und Erfahrung das unbedingte und allgemeine Walten der Naturgesetze zu leugnen oder die Wunderberichte der Bibel schlechthin für unwahr zu erklären!«

Die Erforschung der belebten Natur macht gerade in dieser Zeit, in der zweiten Hälfte des vorigen Jahrhunderts, entscheidende Fortschritte: Neue Instrumente, vor allem die verbesserten Mikroskope, und eine lebhafte Reise- und Sammeltätigkeit häufen die Fakten zu einem riesigen Berg an. Und alle diese neuen Fakten sprechen ihr »ja« zur Theorie der Abstammung, zu Darwins großem Wurf, der Vorstellung von der Evolution durch Mutation und Selektion. Schließlich entdeckt man um 1900 als Substrat der Mutationen und Träger der Erbfaktoren die Chromosomen in den Zellkernen, und damit ist die Lücke zwischen Darwins Theorie und dem praktisch zu Beobachtenden geschlossen. Damit hat aber auch Darwins Theorie selbst ihren »Kampf ums Dasein« siegreich bestanden, hat sich angesichts der Wirklichkeit als die Tüchtigere erwiesen und überlebt, während die Gegenposition der Kirche vor dem Gerichtshof des urteilenden Verstandes bei der Selektion des Richtigen unterliegt. Ob wir es bedauern oder ob wir es gerne sehen: die älteste Instanz der Weltdeutung, die Religion, muß hier vor dem Druck der Fakten ein Feld räumen, auf dem sie ihre Bastionen nicht länger behaupten kann. Sie tut es schließlich in unseren Tagen, und da sich die Situation entkrampft hat und von ihrer ideologischen Schärfe verliert, zeigt sich, daß sie es ohne Schaden tun kann. Denn auf dieses Feld der Deutung der Fakten hatte sie ja nur die Erwartungshaltung einer Menschheit getrieben, die mit ihrer eigenen Beobachtung der Natur und dem Mut zum eigenen Nachdenken noch nicht reif genug war, um hier eigene Aussagen machen zu können. Jetzt, wo dieses alte Ziel der Aufklärung erreicht ist, kann die erste Instanz das Feld räumen, auf dem sie treuhänderisch regierte, bis die eigentliche Sachwalterin des Faktischen, die Naturwissenschaft, als neue Kraft hier die Herrschaft übernimmt. Indem sich die Religion auf ihr eigentliches Gebiet zurückzieht, nämlich auf die Wahrung der Fragen, die hinter der Natur stehen, sind ihr die Hände wieder freigegeben, um sich mit Philosophie und Naturwissenschaft im Kreis um den Menschen zu schließen. In Teilhard de Chardin ersteht in unserem Jahrhundert dann sogar im Bereich der Religion ein Denker, der alle drei Kräfte der Vernunft wieder zusammenfügt, indem er die Evolution, die von der Philosophie gefordert und von der Naturforschung bewiesen wird, als Willen Gottes interpretiert und so in die Religion hineinträgt.

Der Mensch – das ist das Ergebnis der Einsicht in sein historisches Werden – hat eine natürliche Geschichte und ist durch sie kontinuierlich mit dem Tierreich verbunden. So wie die Ereignisse der physikalischen Welt durch die Kette von Ursache und Wirkung, ist das gesamte Reich des Lebendigen durch die Kette der Generationen zusammengefügt. Die Stufe, auf der seit Aristoteles der Mensch über dem Tier stand, ist geschleift: die Erkenntnis des allmählichen Werdens aller Formen im Verlauf einer Evolution hat aus vielen Stufen eine ansteigende Ebene gemacht. Wir stehen zwar an der Spitze dieser Entwicklung, aber im Rückblick sehen wir keine Naht, keinen Sprung, sondern das natürliche Wachsen vom Einfacheren zum Höheren.

Was bleibt, um das Bild von der Sonderstellung des Menschen zu retten, ist wichtig genug und wurde von jeher eigentlich als das Wichtigste überhaupt an uns angesehen: der Geist, unsere den Tieren doch so offensichtlich überlegene Möglichkeit zu vernünftigem Denken. Die schwerste Erschütterung erfuhr daher das Selbstverständnis des Menschen erst, als nach der phänomenologischen und der historischen nun auch unsere *psychologische* Sondersituation innerhalb der Lebewesen durch die Wissenschaft bedroht wurde. Das geschah, als nach der Jahrhundertwende Sigmund Freud in Wien mit seiner wissenschaftlichen Psychoanalyse begann. Bisher hatten sich die Ärzte bei Erkrankungen, die keinen organischen Befund zeigten, machtlos am Ende ihrer Möglichkeiten gesehen und wie seit Jahrtausenden von heiligen oder dämonischen Einflüssen gesprochen oder – moderner – von Neurosen und Psychosen, jedenfalls aber von Vorgängen im seelisch-geistigen Bereich des Menschen, die außerhalb des naturwissenschaftlich Erforschbaren lagen und bei denen man der Unbegreiflichkeit und Einmaligkeit des Menschlichen konfrontiert war. Freud zeigte nun, daß nicht nur die krankhaften und auch die gesunden Vorgänge in der Seele des Menschen einer Erforschung mit naturwissenschaftlicher Methodik der Analyse, des Vergleichs, des Experiments und der Prognose zugänglich waren, sondern daß sich dabei zugleich in den Trauminhalten und auch in den Motiven des wachen Denkens ein weites Feld des »Unbewußten« auftut, in dem ganz bestimmte Triebe eine Rolle spielen, die man von den Tieren nur allzugut kannte. Vor allem der Geschlechtstrieb – im allgemeinen Urteil der Zeit der tierischste und am wenigsten menschenwürdige aller natürlichen Triebe – erweist sich für ihn als beherrschender Inhalt des menschlichen Unbewußten, und zwar schon beim Kind.

Der wütende Protest gegen eine solche Entmythologisierung des Menschenbildes ist zunächst fast einhellig. Wir können erst heute, rückblickend, beurteilen, wie tief gerade jene von Freud entdeckten unbewußten Schichten im Menschen sich beleidigt fühlen mußten, wenn ihnen im Spiegel der Wissenschaft eine Wahrheit vorgehalten wurde, die sie eben deshalb bisher so wirksam verdrängt hatten, weil sie sich ihr nicht gewachsen fühlten. Zwar hatte auch das Christentum in seiner damaligen Lehre von der Erbsünde die Sexualität als einen angeborenen Makel aller Menschen ansehen wollen, aber trotzdem war inkonsequenterweise das Kind, das doch allem Ererbten noch am nächsten steht, zum Symbol der unschuldigen Reinheit geworden, da man an ihm keine Sexualität entdecken konnte. Wenn nun die Psychoanalyse selbst beim Säugling schon sexuelles, *tierisches* Luststreben als unbewußtes Motiv erkennen wollte, so schien allen Gegnern dieser Wissenschaft die Welt der Erwachsenen um eine Hoffnung ärmer geworden.

Tatsächlich setzt mit Freud und den Schulen seiner Nachfolger eine desillusionierende Zertrümmerung des alten Menschenbildes ein, die nicht mehr aufzuhalten ist. Auch wenn es nicht der Sexualtrieb allein sein sollte, sondern wenn andere Strebungen in unserer Seele sich nachweisen lassen, die nicht so direkt auf diese im damaligen Christentum schmerzlich tabuisierte Stelle drückten, es blieb doch dabei, daß »Tierisches« und »Menschliches« auch im Bereich der Seelenkunde keine brauchbaren Unterschiede mehr herzugeben schienen, sondern daß sich hinter unserer Fassade, hinter der alten Verheißung vom Ebenbild Gottes, nun das Ader- und Sehnengeflecht der niederen Triebe enthüllte, also alles das, was der große Menschenverächter Friedrich Nietzsche schon lange vorher das »Allzumenschliche« genannt hatte, als wollte er die Tiere nicht beleidigen.

Doch war diese bittere Erkenntnis der Preis, der zu zahlen war, wie überall, wo eine Illusion aufgegeben werden muß, wenn man der unverhüllten Wahrheit ins Angesicht blicken will. Nur durch diese Erkenntnis hindurch – niemals aber an ihr vorbei oder im Bogen um sie herum – war der Weg zur wirklichen Einsicht in das Innere des Menschen zu gewinnen. In C. G. Jung, schon eine Generation nach Freud und nicht ohne ihn denkbar, entsteht aus den Trümmern der alten Illusion von der Sonderstellung des Menschen eine neue, viel tiefere Einsicht in das wirklich Menschliche am Grunde unserer Seele. Wir werden davon später zu sprechen haben.

Ein letztes blieb noch zu tun, um die Verbindung zwischen Mensch und Tier, die durch Freud im seelischen Bereich aufgefunden worden war, nun auch zur abgerundeten naturwissenschaftlichen Erfahrung zu machen: bei den Tieren selbst mußte untersucht werden, was hinter dem so viel gescholtenen *Tierischen* ihres Verhaltens eigentlich steckt. Die Psychologie mußte sich auch der Tiere annehmen, wenn sie nicht naturwissenschaftlich in der Luft hängen sollte. Und da wurde es freilich höchste Zeit, daß sich in diesem romantischen Winkel der Zoologie die ernsthafte Methode wissenschaftlicher Befragung etablierte. Noch beim Tiervater Brehm war es da – bis weit in unser Jahrhundert hinein – nicht viel besser zugegangen als in der alten Physiologus-Literatur und in den Märchenbüchern für Kinder: vom großmütigen Löwen, vom feigen Hasen, vom stolzen Adler und der fleißigen Ameise war die Rede, als ob Tiere nichts anderes seien als verkleidete oder verhinderte Menschen. Brehms Tierleben begeistert eine ganze Generation von Naturfreunden, und nur wenige bemerken zunächst, daß gleichzeitig in Berlin die Forschungen Heinroths beginnen, in denen ein Zoologe den Verhaltensäußerungen der Tiere mit moderner Methode und sparsamer Deutung gerecht zu werden versucht.

Mit Heinroth beginnt das naturwissenschaftliche Fach der Tierpsychologie oder der vergleichenden Verhaltensforschung, wie sie sich später nennt, in der nun bald an vielen Orten die objektive Bestandsaufnahme des Verhaltensinventars der Tiere vorgenommen wird. Hier zeigen sich nun endlich die Einblicke in die Struktur der tierischen Triebe und Empfindungen, die man doch so dringend brauchte, wenn man auf der psychologischen Ebene einen wissenschaftlichen Vergleich zwischen Mensch und Tier durchführen wollte. Die Umweltlehre des Zoologen von Uexküll hatte hier wenig Hoffnung gemacht, denn in ihr kam die kritische, kantianische Skepsis gegenüber jeder Aussage außerhalb des eigenen Bewußtseins noch einmal deutlich zum Ausdruck. Dann aber erfolgt der Durchbruch, als der Wiener Zoologe Konrad Lorenz, Professor in Königsberg, 1943 über die *›Angeborenen Formen möglicher Erfahrung‹* berichtet und in dieser wichtigen Schrift eine ganze Reihe von seelischen Strukturen nachweist – sogenannte Auslösermechanismen –, die nicht nur beim Tier, sondern auch beim Menschen funktionieren. Das Prinzip der Evolution, im Körperlichen längst Bestandteil des zoologischen Denkens, wird von Lorenz nun auch in den geistigen Strukturen nachgewiesen.Auch hier ist es von einfachen Mechanismen und schematischen Passungen zu komplizierten Verhaltensformen gekommen. Vom »moralanalogen« Verhalten der Tiere zeigt Lorenz einen Weg, der zum echt moralischen Verhalten des Menschen führt, und er zeigt zugleich mit den seelischen Gefahren der Domestikation, der »Verhausschweinung« von Tier und Mensch, die evolutiven Möglichkeiten, die aus der tierischen Ebene durch Evolution zu echt Menschlichem weiterführen. Damit ist auch auf der dritten Ebene der Betrachtung, im Psychologischen, die Sonderstellung des Menschen im aristotelischen Weltsystem berichtigt. An die Stelle der harten Stufung ist die Einsicht in den flutenden Aufstieg eines Kontinuums getreten, das durchgängig und an jeder Stelle ein Ausdruck der Evolution dieser Welt ist.

Das Selbstverständnis des Menschen mußte durch diese drei Krisen gehen, ehe es auf den Trümmern der alten, starren Grenze von Mensch und Tier einen neuen, durch Tatsachen gesicherten Zugang zu sich selbst fand. Dieser Zugang war oft gefährdet, wenn es unter dem Ansturm neuer, nie vermuteter Tatsachen streckenweise so aussah, als bliebe einfach nichts mehr übrig von uns, wenn wir nur genau genug hinsähen. Gibt es uns überhaupt? So konnte die zweifelnde Antwort lauten auf das »Erkenne dich selbst!«, und besonders die intensive Erforschung des Verhaltens der Menschenaffen und die in den letzten Jahren noch intensivere, sagen wir es nur: oft voreilige, Interpretation solcher Beobachtungen konnte wohl manchen unsicher machen in seiner Entscheidung, ob er sich weiterhin als Mensch oder aber als »nackter Affe« zu verstehen habe. Aber eine ruhige Besinnung wird uns über solche Engpässe des eigenen Verständnisses hinweghelfen und am Ende eines langen Prozesses der Erforschung dieser Welt und des Menschen die drei Instanzen unserer Vernunft wieder versöhnt nebeneinander sehen. Sie vereinen sich in der Überzeugung, daß die Grenze zwischen Mensch und Tier weniger draußen in der Natur zu finden ist als in uns selbst und daß es an unserm Handeln in dieser Welt liegen wird, wie sehr sich der Mensch von den Tieren unterscheidet.

Daß der Mensch vom Affen abstammen sollte, war eine Zumutung der Wissenschaft an das Selbstgefühl des Menschen, gegen die sich zunächst fast alle sträubten. Die Geschichte unserer Herkunft, die von der Bibel aufgewiesen wurde, entsprach der Gewißheit der eigenen Würde viel besser und ließ sich deshalb viel leichter glauben als eine Herleitung vom Tier, die Herder, selbst als reine Spekulation, schon für sein ganzes Jahrhundert als »entehrend« rundweg abgelehnt hatte. Gerade die Affen zeigten neben ihrer Possierlichkeit als Karikatur des Menschen allen Beobachtern zugleich so viele als schamlos und abstoßend empfundene Unanständigkeiten, daß zarte Gemüter – wie etwa das Fräulein Ottilie in Goethes ›Wahlverwandtschaften‹ – bereits in Ohnmacht fielen, wenn man nur von diesen Tieren sprach.

Und doch begann in jener Zeit bei manchen Naturforschern eine ratlose Verwirrung angesichts der biblischen Geschichte vom ersten Menschenpaar im Paradies und einzelner Entdekkungen und Beobachtungen, die zu diesem Bild einfach nicht paßten. So hatte sogar schon im 17. Jahrhundert der Franzose de la Peyrère eine große Sammlung eigenartig behauener Feuersteine zusammengetragen und nach langem Nachdenken über deren Herkunft schließlich gemeint, daß es sich um primitive Werkzeuge von Menschen vor Adams Zeiten handeln müsse. Eine ungeheuerliche Behauptung in jener Zeit; zwar nicht er selbst, aber sein Buch wurde 1655 öffentlich verbrannt.

Mehr als hundert Jahre später – 1771 – findet Friedrich Esper im Boden einer Höhle in Süddeutschland die Knochen des ausgestorbenen Höhlenbären in derselben Schicht zusammen mit menschlichen Überresten. Was bedeutete das? Mußte es nicht als Hinweis gelten auf eine Geschichte der Menschheit weit vor Adam? Esper spricht eine solche Vermutung nicht aus und wagt nicht weiter zurückzudenken als bis zu »vorsintflutlichen« Toten, und Immanuel Kant wird wenige Jahre später noch ausdrücklich über den *›Mutmaßlichen Anfang der Menschengeschichte‹* (1785) konstatieren: »Will man nicht in Mutmaßungen schwärmen, so muß der Anfang bei dem gemacht werden, was *keiner* Ableitung aus vorhergehenden Naturursachen durch menschliche Vernunft fähig ist: also mit der Existenz des Menschen, und zwar in seiner ausgebildeten Größe, ... und einem einzigen Paar.«

Und doch zeigt sich die ganze Unsicherheit der Philosophie in dieser entscheidenden Zeit der geistigen Wende gerade an Kant selbst sehr deutlich. Er ist es ja, der wenige Jahre später (1790) das *Abenteuer der Vernunft* wagt, an eine »wirkliche Abstammung« aller Lebewesen voneinander zu denken, und auch zwanzig Jahre vorher schon ist er einer solchen Idee nicht ganz verschlossen gewesen. Da hatte im anatomischen Theater zu Pavia der italienische Professor Peter Moscati eine bemerkenswerte akademische Rede über die Unterschiede zwischen Mensch und Tier gehalten. Wir können ihn heute als den Vater einer modernen vergleichenden Anatomie der Säugetiere bezeichnen, da er erstmals die Lage und Größe der Organe in Beziehung zu ihrer Funktion setzte und dabei zu einem erstaunlichen Ergebnis kam: Der Mensch ist in seinen Organen als Vierfüßer angelegt. Die aufrechte Stellung als Zweibeiner bringt daher Schwierigkeiten für seine Organe: das Herz legt sich schief auf das Zwerchfell und verursacht so »Herzenge« und andere Beschwerden, die Eingeweide drücken auf den Unterleib, was zu Bruchleiden führt, das Blut staut sich in den Gefäßen, was Krampfadern und Hämorrhoiden hervorruft, und in der Schwangerschaft treten durch die unnatürliche Lage der Gebärmutter für Kind und Mutter viele bei den Vierfüßern unbekannte Erschwernisse auf. Kant ist über die Befunde Moscatis, den er einen »scharfsinnigen und philosophischen Zergliederer« nennt, begeistert und bespricht sein Buch – freilich anonym – 1771 in der ›Königsberger Gelehrten und Politischen Zeitung.‹ Er fügt den so überzeugenden Argumenten Moscatis gleich noch ein eigenes hinzu: »Der Mensch allein ersäuft, wo er das Schwimmen nicht besonders gelernet hat. Die Ursache ist: weil er die Gewohnheit abgelegt hat, auf Vieren zu gehen, denn diese Bewegung ist es, ... wodurch alle vierfüßigen Geschöpfe schwimmen.« Alles das, so schließt Kant, seien eben die Ungemächlichkeiten, die dem Menschen, der statt der ehemals vierfüßigen nun die zweifüßige Stellung einnimmt, »daraus entspringen, daß er sein Haupt über seine alten Kameraden so stolz erhoben hat«.

Die Wissenschaft hat diese kurze Notiz Kants erst lange nach seinem Tod entdeckt, erst jetzt kann man rückblickend erkennen, wie nahe die klügsten Denker jener Zeit sich schon herangetastet hatten an die große Einsicht: »Fehlt leider nur das geist'ge Band«, spottete Goethe noch über das Flickwerk von Befunden und Deutungsansätzen in der Naturwissenschaft jener Zeit, aber mit dem Durchbruch der Abstammungslehre ist dann im 19. Jahrhundert das geistige Band da, auf dem sich alle diese Fakten zu einer Kette aufreihen lassen.

Vor allem ist die Abstammungslehre selbst ein mächtiger Impuls, nun nach unwiderlegbaren Zeugen für die Geschichte des Menschen dort zu suchen, wo sie allein zu erhoffen sind: in den Ablagerungen aus vergangenen Erdepochen. Hatte man vorher einmal einen solchen fossilen Rest gefunden, so wurde er entweder als Naturspiel betrachtet oder als Überrest eines ausgestorbenen vorsintflutlichen Geschöpfes. Der große Kenner der fossilen Tiere, George Cuvier in Paris, unterschied sogar mehrere solcher Sintfluten, die nach seiner Katastrophen-Theorie jeweils eine Schar von Tierarten ausgerottet hätten und damit einer neuen Schar Platz machten. Aber von einem fossilen Menschen wollte er nichts wissen. Für die Überreste des Sintflutmenschen Homo diluvii testis, den der Naturforscher J. Scheuchzer 1726 am Bodensee entdeckt haben wollte, hatten Cuvier und seine Zeitgenossen nur ein Lächeln übrig. Und mit Recht, denn was der brave Schweizer im tertiären Plattenkalk von Öhningen gefunden hatte, erwies sich als das Skelett des Riesensalamanders, der heute noch in Nordamerika und Japan im Süßwasser lebt. Scheuchzer hatte das breite Schädelskelett mit den großen Augenhöhlen dieses Tieres für den Beckenknochen seines »armen Sünders« gehalten!

Wir sehen an diesem berühmten ersten Beispiel aus der Paläontologie, was auch weiterhin für die fossile Zoologie des Menschen gilt: So handfest und unwiderlegbar die Knochen sind, die von den Archäologen ausgegraben werden, erst ihre einwandfreie wissenschaftliche Deutung macht sie zu brauchbaren Argumenten für die Erforschung unserer Geschichte. Genaueste Messung, sorgsamster Vergleich und Betrachtung winzigster Details sowie eine umfassende Kenntnis der Anatomie sind nötig, damit man von den wenigen Knochenresten, die der Spaten zu Tage fördert, verbindliche Auskunft erhält. Darüber hinaus aber ist notwendig, daß die Wissenschaft bereit und in der Lage ist, eine solche Auskunft überhaupt entgegenzunehmen. Das war nicht der Fall, als der Archäologe P. Schmerling 1830 in der Höhle von Engis und 1848 in einer Felsnische von Gibraltar die ersten echten Vormenschenschädel ausgrub. Auch das berühmte Schädeldach, das der Elberfelder Gymnasialprofessor J. Fuhlrott 1856 im Abraum einer Höhle des Neandertals entdeckt, wird von der ärztlichen Autorität der Zeit, vom Berliner Geheimrat Virchow, als Überrest eines rachitischen Husaren aus dem letzten Kriege identifiziert. Dennoch erscheint gleichzeitig mit der Veröffentlichung von Darwins ›Entstehung der Arten‹ 1859 Fuhlrotts Aufsatz über die »menschlichen Überreste aus einer Felsgrotte des Düsselthales«, und der englische Anatom King benennt nach diesen Resten den »Homo neanderthalensis« als ausgestorbene Menschenrasse.

Noch war Darwins Theorie zu jung, als daß sich ihre Gegner von einem Knochen umwerfen ließen; eine ganze Generation von Zoologen und Anatomen setzt sich nun aber mit der Abstammungslehre auseinander, von der doch »Licht auf den Ursprung des Menschen und seine Geschichte fallen wird«, wie Darwin vorsichtig formuliert hatte. Sein temperamentvoller Interpret Ernst Haeckel hatte das Zwischenglied zum Affen, das die Wissenschaft forderte, auch bereits benannt: »Pithecanthropus« – Affenmensch – sollte dieses Wesen heißen, es mußte nur noch gefunden werden! Und das Abenteuer gelingt wirklich; es mag uns ein nachdenklicher Hinweis darauf sein, wieviel Absicht und zielstrebiger Fleiß hinter dem sogenannten Zufall bei wissenschaftlichen Entdeckungen steckt. Der Amsterdamer Professor Eugen Dubois fährt in die holländischen Kolonien, um den Affenmenschen zu suchen, und gräbt vier Jahre lang in Java im Sand und Schotter der Flußufer. Dann findet er den Pithecanthropus: im Solo-Fluß bei Trinil entdeckt er ein Schädeldach und einen Oberschenkelknochen von einem – wie wir heute wissen – 500000 Jahre alten Vorläufer des Menschen. Auch Dubois wird mit seinem Fund von Virchow zurückgewiesen, aber stolz überreicht er in Jena 1896 seinen Bericht »Herrn Prof. Dr. Ernst Haeckel, dem Erfinder des Pithecanthropus«! Daß der Vormensch mehr ist als die Erfindung eifriger Darwin-Jünger, wird dann endgültig klar, als im Jahr 1900 der Straßburger Anatom Schwalbe die erste methodisch einwandfreie wissenschaftliche Untersuchung am Neanderthalerschädel durchführt und bestätigt, daß die von der Abstammungslehre geforderte Vorform des heutigen Menschen gefunden sei.

Damit steht die Anthropologie in unserem Jahrhundert zu ihrem großen Forschungsprogramm bereit. Aus den fossilen Überresten soll sie die Stammesgeschichte des Menschen festlegen und datieren. Die Zeiträume, die für diese Geschichte in Frage kommen, hatten sich inzwischen durch die Forschungen der Geologen gewaltig erweitert. Im 17. Jahrhundert hatte der isländische Erzbischof James Ussher noch aus der Bibel das Datum der Erschaffung der Welt auf den 23. Oktober 4004 vor

Christi Geburt, 9 Uhr morgens, berechnet. Danach also hätten knapp 6000 Jahre für die Geschichte der Tierwelt und des Menschen zur Verfügung gestanden. Doch bald meldeten die Geologen Bedenken an, denn in so kurzer Zeit konnten die Gesteine der Erdrinde nicht entstanden und erkaltet sein. Um 1750 rechnet der Zoologe Buffon mit einem Erdalter von 75000 Jahren, später aber findet der Geologe Charles Lyell, von dem Darwin den Gedanken des allmählichen Wachsens und Werdens in der Natur übernahm und so aus der Geologie in die Biologie überführte, 240 Millionen Jahre allein als Entstehungsalter für die Meeres-Sedimente. Hiergegen hatten nun allerdings die Physiker starke Bedenken, und so handelt Lord Kelvin das Erdalter noch einmal auf 20 Millionen Jahre herunter. Seine Berechnung beruhte auf der Abkühlungszeit der Erdkruste, aber mit anderer Methode kam der Geophysiker Ekholm auf diese Weise zu 65 Milliarden Jahren! Das zwar zweifellos zu hoch gegriffen, aber die Atomphysik unseres Jahrhunderts brachte dann mit neuen Erkenntnissen die seither unverändert gültige Gewißheit, daß die Erde etwa 4 Milliarden Jahre alt ist. Die Hälfte dieser Zeit kann als das Alter der Lebewesen angesehen werden, etwa seit einer halben Milliarde Jahren kennt man die Spuren von Tieren, und für das Werden des Menschen stehen mit Gewißheit viele Jahrmillionen zur Verfügung. Moderne Methoden der physikalischen Altersbestimmung haben inzwischen den überlieferten Resten unserer Vorfahrenreihe ihren festen Platz in dieser Zeitskala angewiesen.

Wir wollen die Geschichte der Erforschung unserer Ahnenlinie nicht in allen Einzelheiten verfolgen; es gibt auch in unserem Jahrhundert kaum einen fossilen Fund, der nicht zunächst widersprechende Ansichten unter den immer zahlreicher werdenden Fachleuten und mehr oder weniger heftige Diskussionen auslöste, ehe er seinen Platz im Stammbaum gefunden hatte. Heute aber dürfte dieser Stammbaum in seinem für uns wesentlichen letzten Abschnitt feststehen: von keinem anderen Lebewesen können wir die Etappen seiner Entwicklung so genau belegen wie vom Menschen. Dabei zeigt sich zunächst, daß Schimpanse, Gorilla und andere Menschenaffen, deren Ähnlichkeit mit dem Menschen zunächst eins der stärksten Argumente für unsere Abstammung gewesen war, bei der verfeinerten Untersuchungstechnik unserer Tage doch deutliche Unterschiede zum Menschen aufweisen, die eine *enge* Verwandtschaft oder gar direkte Abstammung von ihnen ausschließen. So haben zum Beispiel alle heute lebenden Menschenaffen 48 Chromosomen in ihren Zellkernen, also zwei mehr als wir, der Gibbon aber, der auch im Körperbau am meisten von uns abweicht, besitzt ein Chromosomenpaar weniger als der Mensch. Der Orang-Utan andererseits weist in der Handwurzel sogar einen Knochen mehr auf als wir.

Tatsächlich verlegt der bekannte Göttinger Zoologe G. Heberer in den neuesten Darstellungen der Stammesgeschichte den letzten gemeinsamen Ahnen, den wir mit den Menschenaffen teilten – Darwins bis heute noch nicht aufgefundenes *ancient member* der Hominiden –, in die Zeit vor 25 Millionen Jahren. Seit dieser Zeit schon laufen die Ahnenlinien von Affe und Mensch getrennt nebeneinander her, aber das ändert natürlich nichts daran, daß wir diesen letzten gemeinsamen Ahnen, der feinfühlig als *subhumaner Hominide* bezeichnet wird, zoologisch einen echten Affen zu nennen haben. Aus diesem gemeinsamen Winkel des Stammbaums zweigt sich nun der zum Menschen führende Ast ab, auf dem wir im langen Zeitraum von 15 Millionen Jahren die *Vormenschen* ansetzen, nämlich die in Nordindien und in Ostafrika durch wenige Fossilien belegten Ramapithecinen. Sie haben ihren deutschen Namen bekommen, weil sie, wie der Knochenbau zeigt, den aufrechten Gang erwarben und weil sie zum Zerschlagen ihrer Beute Geröllsteine als Werkzeuge gebrauchten. Beides sind Fähigkeiten, die nicht ausschließlich menschlich sind – auch bei Schimpansen kann man sie in Ansätzen beobachten –, aber sie führen doch hinein in einen Bereich der Evolution, den wir mit Heberer das Tier-Mensch-Übergangsfeld nennen wollen.

Aus diesem Übergangsfeld, das vor 10 Millionen Jahren begann und bis auf etwa 2 Millionen Jahre an unsere Zeit heranreicht, treten vor allem in den Fundstätten von Transvaal, in den Höhlen der trockenen Savannen Südostafrikas, die Spuren der *Urmenschen* auf, von denen die Wissenschaft heute mehr als 100 Skelette kennt. Seit 1959 kommen durch die Ausgrabungen Leakeys in der Oldoway-Schlucht am Ostrand der Serengeti-Steppe jährlich weitere Knochenreste und Werkzeuge dieser sogenannten Australopithecinen zum Vorschein. Denn diese nur wenig über einen Meter großen Urmenschen haben, das steht heute fest, bereits selbstangefertigte Werkzeuge aus Stein und Tierknochen benutzt. Ihr Gehirnvolumen war zwar kaum halb so groß wie das unsere, in die Gattung Homo passen sie aus manchen Gründen noch nicht hinein, aber sie waren Werkzeugmacher, gehörten also bereits zur »humanen Stufe« unserer Ahnenreihe.

Warum messen die Biologen der Fähigkeit der Australopithecinen, sich Werkzeuge zur Erleichterung des Lebens selbst anzufertigen, eine so große Bedeutung bei? Es ist mit dieser Fähigkeit tatsächlich eine Wende in der Entwicklung erreicht, die sich sofort in einer vielfach vermehrten Geschwindigkeit der weiteren Evolution ausdrückt. Bisher hatte auch bei den Vormenschen allein das alte Gesetz der Evolution gegolten, das für alle Lebewesen der Erde verbindlich ist: aus dem Gleichmaß der Weitergabe der Artmerkmale, das durch die festgelegte Erbinformation der Gene garantiert wurde, führte nur ein Weg heraus und zu weiterer Entwicklung. Das waren die erblichen Veränderungen, die selten genug – in winziger Mutationsrate – im Erbgut auftraten und sich als Abänderungsvorschläge im Körperbau oder im Verhalten dem Urteil der Selektion durch die Umwelt unterwarfen. Hunderttausende von Generationen müssen da meist vergehen, ehe sich auf diese Weise im günstigen Fall eine positive Mutation durchsetzt und eine Art sich damit in ihrem erblichen Gesamtsystem besser der Umwelt anpassen konnte, als sie es vorher tat. Auch im Verlauf der Evolution der Vormenschen, beim Erwerb des aufrechten Gangs, der Umstellung des Körpers auf diese neue Haltung und bei der Auslese der tüchtigeren Rasse, die es verstand, Geröllsteine aufzunehmen und als Waffe zu benutzen, mußte es nach dem alten Schema der Evolution durch Mutation und Selektion zugegangen sein. Heberer nennt es den passiven, *atelischen* Evolutionsmechanismus.

Das aber ändert sich nun im Tier-Mensch-Übergangsfeld, als aus dem werkzeuggebrauchenden Vormenschen die werkzeugmachenden Urmenschen werden. Es müssen nun nicht mehr tausend Generationen vergehen, ehe einmal im ewig gleichen Ablauf von Bewahrung und Weitergabe der Erbinformationen unter den Fehlern und Abweichungen auch eine Verbesserung auftritt, die sich dann im Kampf ums Dasein als überlegen erweisen kann. Es bewährt sich nun der einzelne, wenn er beim Werkzeugmachen eine Verbesserung erfindet, sogleich selbst mit dieser besseren Waffe, und er kann durch Belehrung der anderen diese Erfindung schon in kurzer Zeit an alle weitergeben. Der Mensch, so sagte Konrad Lorenz einmal, ist das Lebewesen, das die Vererbung erworbener Eigenschaften erfunden hat. An die Stelle der *Mutation* und des langsam sich drehenden Rades der Vererbung tritt die *Intuition* und ihre Verbreitung durch Tradition. *Das* ist der entscheidende Schritt aus der subhumanen in die humane Phase der Menschwerdung, denn damit bestimmen von nun an unsere Vorfahren selbst das Tempo ihrer Weiterentwicklung. Nicht in den Keimdrüsen, sondern im Gehirn liegt nun ihre weitere Evolution begründet.

Diese Entwicklung, die irgendwann im Dämmern der letzten drei Jahrmillionen in der Serengeti-Steppe begonnen haben mag, läuft nun in schnellem Tempo auf uns zu. Aus dem Urmenschen sehen wir noch in der Oldoway-Schlucht den *Frühmenschen* werden; auf den Australopithecus folgt die Gattung Homo mit ihrer ersten Art, dem Homo erectus, der mehr als 1000 Gramm Gehirngewicht besitzt. Auch der Mensch aus dem Solo-Fluß, den Dubois in Java gefunden hatte, gehört in diese Gruppe, und ebenfalls der Homo heidelbergensis, von dem der Unterkiefer von Mauer bei Heidelberg stammt. Während sich aus dieser Wurzel dann vor etwa 500000 Jahren der Neandertaler abzweigt, der als Seitengasse der Evolution, als Vetter unserer eigenen Art, in der Eiszeit wieder ausstirbt, geht die gerade Linie zum Steinheim-Menschen und Cro-Magnon. Diese beiden aber werden schon zum Homo sapiens gerechnet und sind damit unsere unmittelbaren Vorfahren.

Wir haben in kurzen Linien die zoologische Evolution des Menschen innerhalb der Säugetierfamilie der Hominiden betrachtet, wie sie als Ergebnis paläontologischer Forschung empirisch gesichert ist. Damit ist die Frage nach unserer Herkunft zwar hinreichend beantwortet, doch nicht die für uns viel wichtigere nach unserer eigentlichen Entstehung. Daß wir vom Affen abstammen, kann nach dem völligen Sieg der Evolutionslehre innerhalb der Naturwissenschaft und Philosophie wohl niemand heute mehr bezweifeln, aber die Frage wird dadurch nur um so dringlicher, *wie* denn nun und an welcher Stelle der Übergang vom Affen zum Menschen sich vollzog. Was ist – vor dem Hintergrund der Evolution gefragt – das eigentliche *Humanum*, das echte Merkmal des Menschen? Adolf Portmann gibt als Antwort auf diese Frage drei Merkmale an: die aufrechte Haltung, die Sprache und das einsichtige Handeln.

Betrachten wir also zunächst das Merkmal des aufrechten Ganges, an dem man ja von alters her den Zweibeiner von den Vierfüßern unterschied. Wir haben gehört, daß sich diese Umstellung in der Entwicklung der Ramapithecinen vollzogen hat. Gelegentlich wird diese Körperhaltung zwar auch von den baumbewohnenden Menschenaffen schon eingenommen, aber erst als unsere tierischen Ahnen zu bodenbewohnenden Läufern in Steppen und Savannen wurden, hat sich der aufrechte Gang als

Normalhaltung durchgesetzt. Damit aber waren für die Organe eines Vierfüßer-Körpers gewisse Lageverschiebungen und Umstellungen verbunden, wie sie schon vor zweihundert Jahren der Anatom Moscati richtig geschildert hatte. Wir können diese Veränderungen heute genauer übersehen, vor allem die Konsequenzen für die Schwangerschaft sind dabei wichtig. Die neue Rolle, die das Becken als Tragkorb für unsere Eingeweide beim aufgerichteten Körper übernehmen mußte, setzte der Ausdehnung des durchs weibliche Becken hindurchführenden Geburtskanals eine enge Grenze und damit zugleich auch dem möglichen Kopfumfang des Neugeborenen. Andererseits war gerade eine Vergrößerung des Gehirns, und damit des Kopfumfangs, bei dem abgestützten Sitz des Schädels an der Spitze der Wirbelsäule anatomisch möglich geworden, und die mit dem Wachstum des Kopfumfanges zunehmende Leistung des Zentralnervensystems, vor allem der Sprachregion des Vorderhirns, war sogar die anatomische Grundlage der Menschwerdung. Das hatte also zur Folge, daß beim aufrechtgehenden Menschen die Schwangerschaft einerseits verkürzt werden mußte, obwohl es andererseits eigentlich nötig war, sie zu verlängern. Unsere Natur schließt einen Kompromiß: Der Mensch wird noch unreif, sozusagen als Embryo, geboren, wobei die nicht mehr zur Fortbewegung notwendigen Hände der Mutter das hilflose Neugeborene auffangen und tragen müssen.

So zwingend diese funktionale Logik sein mag, wir wollen doch nicht übersehen, daß uns in diesen Vorgängen der Kopfvergrößerung und Schwangerschaftsverkürzung keine klaren Einblicke in Ursache und Wirkung möglich sind. Welches war der Anlaß, welches die Folge? Hat die verfrühte Geburt unser nachträgliches Kopfwachstum beschleunigt, oder hat unser wachsendes Gehirnvolumen eine Schwangerschaftsverkürzung bewirkt? Oder sind vielleicht beide Vorgänge nur der gemeinsame Ausdruck einer dahinterstehenden Ursache, die auf ein Ziel hindrängt? Wir können diese Frage heute noch nicht beantworten, aber es ist gut, wenn sie gestellt bleibt und uns daran erinnert, daß die Menschwerdung in ihrer Tiefe Geheimnisse birgt, die von der Naturwissenschaft unserer Tage zwar aufgedeckt, aber noch nicht enträtselt worden sind.

Soviel aber steht fest: Der Mensch ist bei seiner Geburt in einem Zustand embryonaler Unfertigkeit, den wir bei den neugeborenen Affen nicht kennen. Der Baseler Zoologe Adolf Portmann hat die Wachstumsvorgänge in der Säuglingszeit vergleichend untersucht und ist dabei auf so viele deutliche Abweichungen beim Menschen gestoßen, daß in dieser Sicht von einer *nahen* Nachbarschaft zu den Menschenaffen keine Rede mehr sein kann, wir vielmehr gerade in diesen Tatsachen die Gründe für den eigentlichen und wesentlichen Unterschied zwischen uns und unseren haarigen Vettern aus dem Tierreich finden können. Vor allem das so entscheidend wichtige Gehirnwachstum zeigt erstaunliche Unterschiede: bei der Geburt wiegt das Gehirn des Menschen fast genauso wenig wie das eines neugeborenen Gorillas, aber in wenigen Jahren wächst es schließlich auf die fünffache Größe an, während sich das Affengehirn nachgeburtlich nur etwa auf das Doppelte erweitert. Auch im Zahnwechsel und anderen Erscheinungen zeigt sich ein ähnlicher Unterschied im Wachstum, der sich auf einen klaren Nenner bringen läßt: Im ganzen ersten Lebensjahr entwickeln sich die Organe und Leistungen des menschlichen Säuglings in einem fötalen Tempo, das heißt so, wie bei den Tieren vor der Geburt, dann erst tritt auch bei uns die normale nachgeburtliche Entwicklung aller Primaten ein. Portmann folgerte daraus, daß der Mensch eigentlich erst nach seinem ersten Lebensjahr den Entwicklungszustand erreicht hat, den ein Affe schon wenige Tage nach der Geburt aufweist. Erst dann nämlich sind wir *Menschen,* das heißt: Lebewesen, die den aufrechten Gang, die Sprache und erste einsichtige Handlungen – also die Merkmale unserer Art – erkennen lassen. Daß wir alle drei Eigenarten nicht einfach angeerbt im Mutterleib entwickeln, sondern sie in diesem frühen *extra-uterinen* Jahr unserer Entwicklung von unseren Eltern erlernen müssen, ist wohl die eigentliche Chance für unsere menschliche Eigenart gegenüber den Affen und allen anderen Tieren: Was bei jenen »umweltgebunden und instinktgesichert ist«, sagt Portmann, »mag demgegenüber beim Menschen weltoffen und entscheidungsfrei genannt werden«.

Wir wollen, nachdem uns das Merkmal des aufrechten Ganges einen ersten Einblick in die Menschwerdung innerhalb unserer Stammesgeschichte gegeben hat, zu ergründen suchen, wie sich nun in direkter Folge oder doch im Zusammenhang damit die Leistungen des so stark vergrößerten Gehirns auswirkten. Die Sprache und ihre Entwicklung wird uns gesondert zu beschäftigen haben; hier wollen wir das »einsichtige Handeln« insgesamt betrachten, von dem die Sprache nur einen Teil ausmacht. Was unterscheidet die Art Mensch in ihrer Lebensführung vom Tier, welche Handlung ist es, der wir diesen entscheidenden Grenzwert zuerkennen dürfen? Das Werkzeuggebrauchen hatten wir schon behandelt, aber diese Fähigkeit, die von den Anthropologen schon den Vormenschen zugebilligt wird, ist doch, wie wir sahen, eher die Voraussetzung als das Ergebnis der Menschwerdung gewesen. Was war es also? Kann man überhaupt ein einzelnes Ereignis auffinden, das diese entscheidende Funktion hat?

Es ist in diesem Zusammenhang oft an den Gebrauch des Feuers gedacht worden; auch in der griechischen Mythologie ist es ja die von Prometheus aus dem Götterhimmel gestohlene Flamme, die den Menschen erst in seine Rolle einsetzt. Tatsächlich haben die Archäologen bei ihren Ausgrabungen mit großer Sorgfalt auf Hinweise geachtet, die den Gebrauch des Feuers bei unseren Ahnenformen belegen. Bei den Australopithecinen fand sich kein solcher Hinweis. Wir wissen nicht, ob sie die Funken, die beim Beschlagen von den Feuersteinen sprühten, auffangen und zum Brennen bringen konnten. Der Homo erectus aber muß den Umgang mit Feuer bereits beherrscht haben, denn schon in den 300000 Jahre alten Lagerstätten der frühmenschlichen Elefantenjäger im spanischen Ambrona-Tal fand man zusammen mit den Resten der Jagdbeute auch Holzkohle, die von einem Lagerfeuer stammen muß. Irgendwo im weiten Tier-Mensch-Übergangsfeld zwischen Australopithecus und Homo ist also das Feuer gezähmt worden – mehr kann die Wissenschaft im Augenblick nicht sagen. Keinesfalls aber kann der Feuergebrauch für unsere Frage ausschlaggebend sein, denn es hängt ja vom Klima der Wohngegend und den Lebensgewohnheiten dieser Vorfahren ab, ob für sie Feuer überhaupt notwendig war. Daß ein frühmenschlicher Jägertrupp im eiszeitlichen Europa in seiner Höhle ohne Feuer nicht existieren konnte, ist klar, aber eine Horde von früchteessenden Vormenschen in einer afrikanischen Savanne hätte vom Feuer mehr zu fürchten als zu gewinnen gehabt. Wenn also das Feuer als Grenzereignis einsichtigen Handelns ausfällt, so bleibt ein anderes, das uns zunächst erschrecken wird. Manche Anthropologen werteten in Zweifelsfällen den Nachweis von Kannibalismus als sicheres Unterscheidungsmerkmal: ein Affe, so argumentierten sie, tötet keine Artgenossen. Wenn wir also unter den Resten der Mahlzeit in alten Wohnhöhlen auch menschliche Knochen finden, wie zum Beispiel beim sogenannten Pekingmenschen, dann dürfen wir sicher sein, daß es sich bei den Bewohnern um echte Menschen handelte. Das ist keine Feststellung zu unseren Gunsten, sie war sicher nicht ganz frei von dem alten ideologisierten Bild des unschuldigen Tiers und des schuldig gewordenen *bösen* Menschen, und wem fiele hier nicht die biblische Erzählung von Kains Brudermord ein, als der ersten Tat, von der uns die Genesis nach der Vertreibung des Menschen aus dem Paradies berichtet. Doch haben die afrikanischen Hominiden-Funde inzwischen gezeigt, daß dieser Brudermord durchaus auch in der subhumanen, also tierischen Stufe unserer Vorfahren schon aufgetreten sein wird. Einzelne Urmenschenarten der Gattung Australopithecus haben sich vermutlich bereits bekämpft, und auch die vorausgegangenen Formen waren, ihrem Gebiß nach zu urteilen, zum Teil durchaus keine Vegetarier, sondern Raubtiere. In dem bekannten Buch von Robert Ardrey ›Adam kam aus Afrika‹ schwingt noch die ganze Enttäuschung darüber, daß wir uns damit abzufinden haben, von »Mörderaffen« abzustammen. Aber bei dieser unbestreitbaren Feststellung ist wohl Gelassenheit angebracht: aus der Möglichkeit, uns von unseren Vorläufern zu unterscheiden, wird durch eine solche Einsicht allerdings eine zwingende Notwendigkeit.

Wir müßten jetzt eigentlich untersuchen, wann denn im Laufe der Entwicklung unserer Vorfahren aus dem Totschlag ein Mord wurde, aber über die Motive des Tötens, also darüber, ab wann dabei »einsichtiges Handeln« vorlag, verweigern uns die Knochenreste jede Auskunft. Ein anderes aber zeigt sich um so deutlicher: Irgendwann einmal begann die Einsicht, daß der Tod des Artgenossen und auch des Beutetieres ein Ergebnis ist, das vom Menschen eine Handlung verlangt; es mußte etwas getan werden, das über die Alltagserfahrung der Natur hinausführt und in die magischen Räume der Vorstellungswelt hereinreicht. Die Jagdbeute, der Feind, die Mächte des Schicksals müssen beschworen werden, den toten Freund aber – und auch den endlich erlegten mächtigen Bär – muß man begraben. Wir kennen solche Gräber von den Neandertalern; 40000 Jahre ist das Alter der frühesten Bestattungen, doch ist der Neandertaler selbst schon seit der doppelten Zeitspanne nachgewiesen, und jeden Tag kann eine Ausgrabung noch ältere Zeugnisse erbringen. Die Toten wurden sorgsam ins Grab gebettet, auch Werkzeug und Nahrung wurde ihnen beigegeben. In der Schweizer Drachenloch-Höhle fand man aus dieser Zeit in einem Steingrab die Schädel vieler Höhlenbären aufgetürmt. Wenig später, als die Neandertaler aus unbekannten Gründen plötzlich verschwinden und den Cro-Magnon-Menschen der frühen Steinzeit den Platz räumen, beginnen die Höhlenwände für uns zu sprechen: In Farben und Kohlestrichen werden Jagdzauber und religiöse Riten abgebildet, und seit etwa 30000 Jahren werden aus Knochen und Ton die ersten Figuren geformt, Tiere und in hundertfacher Variation immer wieder ein Motiv: das Bild der mütterlich-fruchtbaren Frau.

Daß wir damit im Reich des Menschen angelangt sind, daß der Affe in weite Ferne gerückt ist, kann nicht bestritten werden. Aber noch bleiben wir von der Wissenschaft unbefriedigt, denn es ist ja, als wenn bei dieser langen Reise durch die Geschichte der Evolution vom Affen zum Menschen der wesentlichste Augenblick nun doch unserer Aufmerksamkeit entschlüpft wäre, obwohl er gewiß irgendwo eingefangen sein muß zwischen diesen beiden Punkten. Wo war er denn nun, dieser Moment der Menschwerdung, *wie* geschah es denn nun ganz genau und wissenschaftlich einwandfrei, was wir wissen wollten: der Übergang vom Tier zum Menschen? Wenn die Wissenschaft auf diese Frage antwortet: der Übergang erfolgte allmählich im Dämmern eines Jahrtausende währenden Übergangsfeldes, so sind wir enttäuscht. Wir erwarten doch gerade von der Naturwissenschaft die exakten Angaben, die genauen Auskünfte auf Millimeter und Sekunde!

Aber wir haben einzusehen, daß nicht jede wissenschaftlich exakte Frage auch wissenschaftlich sinnvoll ist und daß nicht die zu erforschende Natur an dieser Situation Schuld trägt, sondern unser beschränktes Erkenntnisvermögen. Das Umschlagen der Quantität in die neue Qualität, mit dem sich die Philosophie so viel beschäftigt hat, ist eine ständig erfahrbare, aber nie in unserer Einsicht ganz nachvollziehbare Wirklichkeit. Auch Geburt und Tod des Menschen sind solche Ereignisse, deren Eintritt unbestreitbar ist, deren wissenschaftliche Fixierung auf Sekunde oder gar Tausendstelsekunde aber trotzdem unvollziehbar bleibt, weil hier gleichsam die allzu exakte Frage den Bogen überspannt, so daß er in der Antwort brechen muß. Wann wird aus der Nacht der Tag – welcher unserer Vorfahren war als letzter noch ein Affe, welcher als erster ein Mensch – in welchem Jahr, mit welchem Ereignis kam die Evolution der Organismen auf unserer Höhe an? Es muß bei allen diesen Fragen bei der Antwort bleiben, *allmählich*, in einem zeitlichen Übergangsfeld, schlug die Entwicklung vom einen in das andere Stadium um.

Wem das zu wenig ist, dem bleibt nur ein Weg: er muß uns eine Definition geben, ein Zeichen setzen, das anstelle des Übergangs für das Ereignis selbst gelten soll. Dann ist auch die Frage nach der Sekunde wieder sinnvoll, aber sie zielt nun auf das gewählte Symbol, nicht mehr auf das Ereignis selbst. Damit aber wird klar, daß die letzte Antwort auf die große Frage des Umschlagens der Tier-Qualität in die Mensch-Qualität nur in der Sprache der Bilder gegeben werden kann. Und damit wären wir wieder bei einer Aussageform, wie sie schon in den alten Schöpfungsmythen auf unsere Frage nach dem Menschen galt. Diese Mythen sind keine wissenschaftlichen Auskünfte, aber unser Wunsch nach einem Bild für die Menschwerdung ist, wie wir gesehen haben, auch keine wissenschaftliche Frage mehr. Andere Instanzen unserer Vernunft, die ihre Fühler in die Welt hinausstrecken und auch hinter den Grenzen der Wissenschaft noch nach Wahrheit suchen, werden sich also auch weiterhin mit dem Bild beschäftigen müssen, das seit vielen Jahrtausenden unverändert im Raum unserer Kultur steht: daß uns ein Schöpfer seinen lebendigen Odem einblies, ...»und also war der Mensch eine lebendige Seele«.

Daß wir leben, ist uns vor aller Wissenschaft in einfachem Sinne eine Selbstverständlichkeit. Die Bedrohung des Lebens, sein Ende im Tode, die Unbelebtheit der Materie außer uns, das sind die ersten und eigentlichen Probleme des menschlichen Geistes, wenn er erwacht, sich in der Welt vorfindet und über sie nachdenkt. Das Leben selbst aber erscheint der naiven Betrachtung als ein so allgegenwärtiges und verbreitetes Prinzip, daß den alten Philosophen seine Erfassung als eigenes Element gar nicht gelang. Der ganze Kosmos wurde als lebend betrachtet, aller Materie schien Lebendigkeit zumindest als Möglichkeit eingegeben. »Jeder trockene Körper, der feucht wird, und jeder feuchte Körper, der austrocknet, erzeugt Leben«, hatte Aristoteles geschrieben, und es ist wenig mehr als dreihundert Jahre her, daß der Naturforscher van Helmont es für bewiesen erklärte, daß Ratten sich aus Schmutz und alten Lumpen entwickeln: »Die Ausdünstungen, die am Grunde von Sümpfen entstehen, erzeugen Frösche, Schlangen, Egel, Gräser und viele andere Dinge.« Er bestätigte damit, was man durch zwei Jahrtausende in einer wissenschaftlich-philosophischen Engführung von Bios und Kosmos als Selbstverständlichkeit angenommen hatte, nämlich, daß Lebewesen durch »Urzeugung« entstünden. Die Natur, so meinte man, lasse vor allem das kleine Ungeziefer, die Insekten und Würmer von selbst wachsen, und zwar, wie es der große Astronom Kepler noch geschildert hatte: Flöhe und Läuse aus Schweiß und Blut, Heuschrecken und Raupen aus dem Tau. Neben den Lebewesen, die ihren Adel als Geschöpfe aus dem biblischen Schöpfungsbericht ableiten konnten – mit dem Menschen als Krone der Schöpfung an ihrer Spitze –, gab es also ein niederes Reich, eine Nebenschöpfung, die allenfalls dem Teufel als dem »Fliegengott«, dem »Herrn der Ratten und der Mäuse« zugehörte, falls sie nicht einfach als »Spottgeburt aus Dreck und Feuer« aus der Materie selbst hervorging.

Als man im 17. Jahrhundert das Mikroskop erfand und nun überall im Wasser, in der Erde, in pflanzlichen und tierischen Säften das Gewimmel der Einzeller und allgegenwärtigen Bakterien entdeckte, schien es endgültig klar, daß die Pflanzen und Tiere durch das Zwischenreich der Infusorien ohne scharfe Grenze mit der leblosen Materie verbunden waren, daß also das

Leben als eine besondere Kraft in der Substanz selbst steckte und jederzeit in ihr geweckt werden konnte.

Es war ein Zeichen besonders gründlicher Beobachtung und beginnender Experimentierkunst, wenn der italienische Arzt Redi schon im 17. Jahrhundert beweisen konnte, daß Fliegenmaden nicht einfach von selbst in faulendem Fleisch wachsen, und wenn sein Landsmann Spallanzani hundert Jahre später zeigte, daß Infusorien, die man in einer Flasche durch Erhitzen abtötet, nicht von selbst wieder neu entstehen. Die Erkenntnis, daß es die Urzeugung *nicht* gibt, ist eine mühsam und gegen den Widerstand vieler Philosophen errungene naturwissenschaftliche Entdeckung jener Zeit; sie wird durch Louis Pasteur endgültig sanktioniert: Erst als er 1864 in Sterilisationsversuchen eindeutig auch für Fäulnisbakterien nachweist, daß *omne vivum ex vivo* – alles Leben nur aus Leben – entsteht, ist die Biologie endgültig aus dem Wurzelgrund der Naturphilosophie herausgewachsen und zur eigenständigen Wissenschaft geworden. Wenige Jahre vor Pasteurs Versuch ist Darwins Buch über die Entstehung der Arten erschienen, und so hat die theoretische Biologie nun zugleich mit der Gewißheit der Rückführung allen Lebens auf vorangegangenes Leben in der Evolutionstheorie ein Denkmodell, das die Wandlung der Formen auf diesem Weg von Leben zu Leben erklärt.

Damit aber ist eine Frage aufgeworfen, die es vorher für die Wissenschaft nicht gab und deren Klärung nun zu einer ihrer wichtigsten Aufgaben wird: Wo begann diese ununterbrochene Kette der Generationen, wie entstand das Leben, das doch irgendwo in der zurückliegenden Geschichte der Welt seinen Ausgangspunkt, seine Stunde Null, gehabt haben muß? Den eben vom Darwinismus für naturwissenschaftliche Erklärungen abgesetzten Schöpfergott konnte man an dieser Stelle nicht einfach wieder einführen, denn gerade seine Ablösung erschien als der unmittelbare Gewinn der endlich gelungenen Aufklärung über die Schöpfungsgeschichte. Sollte hier, in der Stunde Null der Lebensentstehung, dem menschlichen Forschungsdrang ein unüberwindliches *ignorabimus* entgegenstehen, wie Du Bois-Reymond es nannte, ein: Wir werden es nicht wissen? Der große kritische Geist der Aufklärung, Immanuel Kant, hatte es so gesehen, als er mitten durch die Natur die scharfe Grenze zwischen dem Anorganischen und dem Organischen zog. Im Anorganischen, in Physik und Chemie, in der Entstehungsgeschichte der Planeten und Elemente, mochte der menschliche Geist alle Erscheinungen klären und alle Mythen vertreiben, hier herrschten die Ratio und das mechanische Gesetz von Ursache und Wirkung. »Es ist nämlich ganz gewiß«, schrieb er 1790, »daß wir die *organisierten* Wesen und deren innere Möglichkeit nach bloß mechanischen Prinzipien der Natur nicht einmal zureichend kennenlernen, viel weniger uns erklären können, und zwar so gewiß, daß man dreist sagen kann, es ist für Menschen ungereimt, auch nur einen solchen Anschlag zu fassen oder zu hoffen, daß noch etwa dereinst ein Newton aufstehen könne, der auch nur die Erzeugung eines Grashalmes nach Naturgesetzen, die keine Absicht geordnet hat, begreiflich machen werde; sondern man muß diese Einsicht den Menschen schlechterdings absprechen.«

Nur eine ordnende *Absicht* also konnte aus der Materie das Organisierte, aus dem Anorganischen das Organische werden lassen, und es ist klar, daß Kant dabei an eine göttliche Absicht dachte. Aber schon wenige Jahrzehnte später zeigte sich, daß menschliche Absicht genügt, um diese ideologische Grenze zu überschreiten. Der junge deutsche Chemiker Friedrich Wöhler stellte 1828 aus Ammoniak und Blausäure, also aus Substanzen, die man damals anorganisch nannte, einen organischen Stoff her: den Harnstoff, der sich in den Nieren der Säugetiere und auch des Menschen bildet. Sein Freund Liebig schrieb begeistert, daß diese »außergewöhnliche und bis zu einem gewissen Grade unerklärbare Herstellung von Harnstoff ohne Hilfe der Lebenskraft als eine Entdeckung betrachtet werden muß, mit der eine neue Ära der Wissenschaft begann«. Und wirklich beginnt nun die Epoche der organischen Synthesen, deren Höhepunkt wir heute erleben, wo die moderne Biochemie einen Großteil der von Lebewesen produzierten Substanzen künstlich herstellt, dazu die Vielfalt der in der Natur sonst gar nicht vorkommenden organischen Präparate, die wir als Medikamente benutzen. Man braucht kein Prophet zu sein, um voraussagen zu können, daß es eines Tages der Kunst biochemischer Synthese auch gelingen wird, einfache Lebewesen von der Art der Viren im Reagenzglas aus ihren Baustoffen künstlich zusammenzusetzen. Damit ist bewiesen, daß die scharfe Grenzziehung zwischen unbelebten und belebten Substanzen naturwissenschaftlich unrichtig war, daß in der Physiologie der pflanzlichen und tierischen Lebewesen und damit auch in der unseres eigenen Körpers die Gesetze der gleichen Chemie herrschen und daß es eine besondere substantielle Lebenskraft als eigene naturwissenschaftliche Konstante nicht gibt.

Das Leben selbst ist aber damit nicht erklärt, ja es erscheint nun in noch höherem Maße unverständlich, da es sich nicht mehr als chemische Eigenschaft einer bestimmten und grundsätzlich von anderen unterschiedenen Sorte von Substanzen auffassen läßt. Selbst wenn es gelänge, synthetisch einen Grashalm im Reagenzglas herzustellen, wäre damit nicht erklärt, wie es zu dem ersten Leben kam, das auf dieser Erde lange vor dem Menschen und ganz ohne seine »ordnende Absicht« entstand. Darum war auch in Darwin keineswegs der »Newton des Grashalmes nun doch endlich erschienen«, wie Haeckel jubelnd verkündete, sondern es war nur die Methode entdeckt worden, nach der in der Natur aus einer Art von Grashalmen eine andere Art wurde. Ernst Haeckel selbst aber wagte dann wirklich dieses »Abenteuer der Vernunft«, vor dem der große Alte in Königsberg gewarnt hatte: In seiner ›Natürlichen Schöpfungsgeschichte‹ nahm er 1866 die Gedanken Lamarcks und Darwins auf und projizierte die erkennbar gewordene Linie der aufsteigenden Evolution des Lebendigen zurück zu dem Punkt Null, an dem sie sich in den Bereich der unbelebten Materie verliert. Die unbeirrbare Konsequenz in der Anwendung der Selektionstheorie auf den gesamten Bereich des Lebens und seiner Entstehung wird damit sein unbestreitbares Verdienst um die Wissenschaft.

In einem Urmeer, so schildert Haeckel, hatten sich vor Milliarden von Jahren, ähnlich wie in Wöhlers Retorte, die ersten einfachen organischen Stoffe aus den im Wasser gelösten anorganischen Substanzen gebildet und so zu einem *Urschleim* geführt, zu größeren Molekülen, die keine Absicht ordnete, sondern die der Zufall, d.h. ungerichtetes Wirken der physikalischen und chemischen Gesetze, zusammenwürfelte. Im Laufe der Zeit wären so Klümpchen von Protoplasma entstanden, und diese *Moneren* hätten dann, hier beginnend und dort wieder zerfallend, erste Stoffwechsel- und Wachstumserscheinungen gezeigt. Sie entwickelten sich also in einer einmaligen Urzeugung, und sie bildeten nun die Wurzel und die Stammeltern aller späteren Lebewesen. Sie waren das Rohmaterial, aus dem dann Zufall und Selektion als die Instrumente der Evolution die lebende Vielfalt der Organismen hervorgehen ließen.

Es wurde um diese in sich konsequente Theorie der Entstehung des Lebens bald sehr still, und das, obwohl sie konkurrenzlos die einzige blieb, die von der Naturwissenschaft vorgelegt werden konnte, falls man nicht das Problem von der Erde abwälzte und mit Hörbigers Welteislehre annehmen wollte, die ersten Lebenskeime seien durch Strahlungsdruck aus den Weiten des Kosmos auf unseren Planeten geweht worden. Je intensiver die mikroskopische und biochemische Forschung in die Kenntnis der Lebensfunktionen eindrang, um so kompliziertere Geflechte von reichstrukturierten Reaktionsketten wurden im lebenden Protoplasma aufgedeckt. Und immer unmöglicher erschien es, das aufeinander bezogene Funktionieren aller dieser Prozesse als das Ergebnis von günstigen Zufallskonstellationen zu verstehen, selbst wenn man Milliarden von Jahren dafür bereit hatte. Vor allem aber blieb als unüberspringbare Barriere für das Verständnis die Frage, wieso sich bei der Entstehung des Lebens durch Zufall aus dem ungeordneten und wahrscheinlichen Zustand ein zunehmend geordneterer und unwahrscheinlicherer entwickelt haben sollte, wo doch die Physik das umgekehrte Gesetz kennt: den Übergang des Unwahrscheinlichen in das Wahrscheinlichere, des Geordneten in das Ungeordnete, dem als sogenanntes Entropiegesetz der ganze Kosmos unterworfen ist. So wie sein mehr als 2000 Jahre älterer Vorgänger Empedokles, der bereits die Entstehung der Lebewesen durch Mischung und Zusammensetzung zu immer höheren Formen gelehrt hatte, blieb nun auch Haeckel die entscheidende Erklärung schuldig, welche Kraft denn diese Bewegung gegen die Entropie, diesen Weg aus dem Chaos in den geordneten Aufbau des statistisch Unwahrscheinlichen und Unstabilen bewirkt haben sollte.

Doch zeigte sich bald, daß es auch hier ganz natürlich zuging, denn die Chemiker erkannten, daß manche Substanzen in ihrer Wirkung der physikalischen Wahrscheinlichkeit entgegengesetzt laufen, nämlich in Richtung auf eine beschleunigte Reaktion. Platin ist eine solche Zaubersubstanz, deren bloße Gegenwart Knallgas zur Reaktion bringt, aber erst recht zeigen gewisse Eiweißkörper, die Enzyme, Fermente und Hormone, die erstaunliche Eigenschaft, in winzigen Mengen große chemische Wirkungen hervorzurufen wie in »geordneter Absicht«. Der schwedische Chemiker Berzelius beschrieb 1836 diese »bei der Bildung organischer Verbindungen in der lebenden Natur wirksame, aber bisher noch nicht bemerkte Kraft« als die *Katalyse.* Heute wissen wir, daß katalysatorische Wirkungen bei zahllosen chemischen Prozessen in den Lebewesen eine entscheidende Rolle spielen: Durch sie wird die Reaktionsgeschwindigkeit und damit auch die Richtung der ablaufenden Prozesse bestimmt, und zwar an den Orten ihrer Wirksamkeit gegen die Entropie und in die Unwahrscheinlichkeit hinein; das gesamte Gefüge der Erb-Informationen und ihrer Übermittlung geht letztlich auf solche von den Genen produzierten Enzyme zurück. Wir müssen also zur Kenntnis nehmen, daß es zu den Eigenschaften mancher Stoffe gehört, einen einmal erreichten Grad von chemischer Unwahrscheinlichkeit durch ihre eigene Wirkung zu erhalten und sogar zu vermehren und zu steigern. Daß auch dabei eigentlich das Grundgesetz der Entropie nicht verletzt wird, wissen die Physiker inzwischen. Für unsere Frage aber ist es nur von Wichtigkeit, daß damit die Richtung in die zunehmende Ordnung und Kompliziertheit, wie sie Haeckels Vorstellung von der Entstehung der Moneren erfordert, als wissenschaftliche Gesetzmäßigkeit bestimmter chemischer Konstellationen anzusehen ist. Der von ihm in seiner natürlichen Schöpfungsgeschichte entworfene Weg ist also wissenschaftlich möglich.

Allerdings blieb die Frage offen, woher denn diese ersten katalytisch wirksamen Substanzen im Wasser der Ur-Ozeane gekommen sein sollten. Sie gehörten nicht zur chemischen Grundausstattung der noch unbelebten Erdoberfläche, sondern mußten sich hier erst auf irgendeine Weise gebildet haben. Die Antwort auf diese Frage gab ein sensationelles Experiment, das zugleich auch für die anderen Planeten unseres Sonnensystems Gültigkeit hat und so die mögliche Entstehung des Lebens zu einer kosmischen Erscheinung macht. Der amerikanische Chemiker Miller füllte 1953 ein Glasgefäß mit einem Gemisch jener Elemente und Giftgase, die nach Ansicht der Astrophysiker die Uratmosphäre der Erde und auch der anderen Planeten bildeten: Wasserstoff, Stickstoff, Methan, Ammoniak und Acetylen. Dieses Gasgemisch wurde elektrischen Entladungen ausgesetzt, wie sie als Blitze einst den Himmel der Urzeit durchzuckt haben mußten. In der großen Hitze dieser Entladungen bildeten sich bereits nach kurzer Zeit winzige Spuren von organischen Verbindungen, darunter auch die als Eiweißbaustoffe so wichtigen Aminosäuren, und zwar am häufigsten Glyzin und Alanin, die beiden also, die auch im lebenden Eiweiß aller Organismen die größte Rolle spielen. Später fand man in ähnlichen Versuchen die spontane Entstehung von Purin- und Pyrimidin-Basen, die in den Nukleinsäure-Ketten der Chromosomen als die Buchstaben im Brief der Erbinformation eine so enorme Bedeutung für alle Lebewesen haben. Auch Fettsäuren, Zucker, Porphyrine und andere Bausteine des Protoplasmas bildeten sich in den Experimenten der Blitzentladung in der Uratmosphäre. Alle diese Stoffe mußten also den chemisch-physikalischen Gesetzen folgend in der ersten Jahrmilliarde der Geschichte unserer Erde bei Gewitterentladungen in den Ur-Ozean herabgeregnet sein und sich dort im Lauf der endlosen Zeiträume ansammeln und schließlich zu einer *organischen Ursuppe* verdichten. Die Konzentration an diesen Substanzen mußte zuletzt, so schätzte der amerikanische Nobelpreisträger Urey, etwa zehn Prozent betragen haben, also bereits den Gehalt einer kräftigen Fleischbrühe erreichen. In diesem Konzentrat, das ja vor der Entstehung von Fäulnisbakterien in seiner Existenz noch durch keinerlei Zersetzungsprozesse gefährdet war, sieht die moderne Biochemie die Ausgangssituation für die Entstehung des Lebens und bestätigt damit die kühne Hypothese Haeckels.

Doch sind Aminosäuren noch immer verhältnismäßig einfache Substanzen und noch kein Eiweiß, aber ein neues Experiment führte weiter: Fox zeigte 1965, daß solche Aminosäuren unter Hitzeeinwirkungen, wie sie die Vulkanausbrüche im Ur-Ozean gewiß tausendfach mit sich gebracht hatten, zu Riesenmolekülen zusammentreten können. Und zwar zu hochmolekularen Nukleinsäuren, die nun schon echte Enzymwirkungen besitzen, d.h. in ihrer Umgebung den Aufbau weiterer komplizierter Moleküle fördern, darunter sogar die Bildung eines sie selbst erzeugenden Enzyms, was den Beginn einer biochemischen Kettenreaktion bedeuten kann. Solche enzymatisch sich steigernde und gleichsam aufschaukelnde Bildung von sich vervielfältigenden Nukleinsäuren müssen wir als den eigentlichen Schlüsselprozeß der Urzeugung ansehen. Hatten sich diese Stoffe in der organischen Ursuppe der Ozeane erst einmal gebildet, so konnten sie beim Zusammentreffen mit geeigneten Molekülen nach den Wirkungsgesetzen der Katalyse sogar deren Einbau in ihre eigene Struktur vornehmen, das aber heißt: wachsen und sich vermehren. Damit war bereits ein Zustand erreicht, den wir als lebendig bezeichnen können.

»Dieses Leben von Nukleinsäuremolekülen war nicht nur unvorstellbar langsam, sondern es vollzog sich nur gelegentlich und mit langen Pausen«, sagt der Frankfurter Mikrobiologe Kaplan 1967, und er zeigt in streng biochemischer Logik auch die weiteren Schritte auf, die zur Bildung *eobiontischer Aggregate,* also zu frühen Lebensstufen nach der Art von Haeckels Moneren führten. Es wurde dann unter den unzähligen, im Laufe der ersten Jahrmilliarden unserer Erdgeschichte in der Ursuppe umherschwimmenden und *langsam* lebenden Eobionten eines Tages ein einziger *kritisch;* die Kettenreaktion des Lebens setzte damit ein und begann unter ständiger Vermehrung der Nukleinsäure ihren historischen Verlauf, der dieses *Gen-Leben* kontinuierlich bis in die Chromosomen der Menschenleiber fortsetzte. Diese auf den ersten Blick so atemberaubend kühne Theorie legt also im Kontinuum der Evolution und in der Statistik des Zufalls eine ganz unerwartete Einmaligkeit, einen klaren historischen Nullpunkt des Lebens frei. Da alle Organismen der Erde zum Aufbau ihrer Körper nur eine der beiden möglichen und im Ur-Ozean gleichmäßig verteilten Spielarten der Aminosäuren benutzen, nämlich die sogenannten linksdrehenden Isomeren, und da alle Lebewesen den gleichen genetischen Code in den Nukleinsäuren ihres Erbbriefes benutzen, obwohl fast unendlich viele andere Kombinationen chemisch genauso möglich gewesen wären, erweist sich die Herkunft von einem einzigen Eobionten aus dem gemeinsamen Besitz seiner individuellen Merkmale.

Wenn wir hier einen Augenblick einhalten und an die alten Bilder der Weltentstehungs-Mythen zurückdenken, in denen die Menschheit sich erstmals Antwort auf die Frage nach der Herkunft des Lebens gegeben hatte, so können wir mit Erstaunen feststellen, wie nahe diese gnostische Schau vergangener Jahrtausende sich mit den Ergebnissen moderner Wissenschaft berührt: Der Blitz und der befruchtend auf die Erde niedergehende Regen, aber auch der Ur-Schoß des Meeres, in dem sich die Keime des Lebendigen anlegten, sind Elemente der alten mythischen und der modernen wissenschaftlichen Aussage. Die gleiche Wirklichkeit zeigt sich in zwei verschiedenen Instanzen unseres Weltverständnisses wie auf zwei verschiedenen Wegen, die zu demselben Ziel führen.

Wir können also zusammenfassen: Alle Lebewesen weisen auf einen, und zwar den ersten zu biochemischer Kettenreaktion übergegangenen Eobionten des Urmeeres zurück, und insofern ist das Leben ein einmaliges, geschichtliches Ereignis auf unserem Planeten. Zugleich aber sind die chemischen Gesetze der Materie so verbindlich, daß es zu diesem einmaligen Ereignis mit statistischer Sicherheit kommen mußte. Damit ist dann auch ausgesagt, daß überall im Kosmos, wo vergleichbare chemische Bedingungen herrschen, in einem ähnlichen Urmeer eine ähnliche biochemische Kettenreaktion zu erwarten ist. Da die Wissenschaft heute sicher ist, daß der Weltraum aus den gleichen

Elementen zusammengesetzt ist und daß überall die gleichen chemischen und physikalischen Gesetze herrschen, da wir weiterhin Planeten auch von anderen Sonnen kennen und für eine häufige astronomische Erscheinung im Weltall halten müssen, steht fest, daß die Wahrscheinlichkeit für die Entstehung von Leben unendlich viel höher ist, als daß man es nur auf unserer Erde und mit ihr nur in unserem Sonnensystem erwarten dürfte.

Damit ist jedoch unsere drängendste Frage nicht beantwortet. Wir wollen nicht nur wissen, ob mehrfach im Kosmos Leben entstanden sein kann, sondern ob dieses Leben sich auch dort über einfache Viren oder Bakterien hinaus bis zu einem Lebewesen steigerte, das mit dem Menschen vergleichbar oder vielleicht gar diesem überlegen ist als ferne Zweigspitze einer Evolution, die weit über unsere Höhe hinausragt. Sind wir einmalig im Kosmos, oder haben die utopischen Schriftsteller recht, die unsere Astronauten auf fremden Planeten versunkene Kulturen finden lassen und unserer Erde Besuch von extragalaktischen Existenzen in fliegenden Untertassen prophezeien? Ist es Größenwahn, uns für einmalig zu halten angesichts einer Evolution, die das Leben in gesetzmäßiger Urzeugung aus dem Ur-Ozean aufsteigen ließ; fordert es nicht unsere wissenschaftliche Redlichkeit, den Gedanken an solche Einmaligkeit entschlossen aufzugeben?

Für den Biologen nimmt diese Frage die Form an: Gilt das Gesetz der chemischen Evolution von anorganischer Substanz zu organischem Leben, das am Beginn unserer Geschichte stand, auch nach diesem Punkt Null weiter, setzt es sich innerhalb der Lebewesen als Gesetz einer biologischen Evolution fort und führt ohne »ordnende Absicht« rein naturgesetzlich schließlich zum Menschen? Wenn eine Zoologie des Menschen hier »ja« sagen könnte, so gäbe es in der Tat nichts, was uns daran hindern dürfte, mit Gewißheit vorauszusagen, daß es an vielen Stellen im Kosmos Menschen und Zivilisationen geben muß, primitive sowohl wie solche von unserer Art und schließlich auch andere, die Jahrmillionen älter und weiter entwickelt sind als wir. Ein solches Ja zur Zwangsläufigkeit der Evolution kann der Biologe jedoch keineswegs aussprechen, sondern er muß gestehen, daß seine Wissenschaft darüber fast nichts weiß. Das *Daß* sowohl wie das *Wie* der Evolution, also der Höherentwicklung des Lebens, ist in den hundert Jahren seit Darwins Entdeckung vielfach untersucht worden, es ist der Biologie durch ihre Erfahrung mit den irdischen Lebensformen gut vertraut. Aber die Frage geht hier ja um das *Warum*, also um das *Gesetz* der Evolution. Warum wurde aus der Amöbe oder dem Geißeltierchen ein Vielzeller, aus diesem ein primitiver Wurm, warum daraus ein immer höher, komplizierter und unwahrscheinlicher konstruiertes Lebewesen, schließlich ein Wirbeltier? Und warum setzte sich diese Aufwärtsbewegung bis zum Menschen fort, zu dem Wesen, das nun über diese Evolution nachdenken kann?

Ein Zwang zu solcher Entwicklung ist biologisch nicht gegeben. Anders als bei der chemischen Evolution der Eobionten des Urmeeres mußte es zu einer biologischen Höherentwicklung nicht nach klar erkennbaren Gesetzen kommen. Eben diese winzige, einzellige und ungegliederte Amöbe, von der die ganze Evolution der Tiere ausging, spricht am nachdrücklichsten gegen ein solches Gesetz. Denn es gibt sie ja noch heute! Daß sie nun vielleicht seit einer Milliarde Jahre existiert, beweist doch, daß eine Höherentwicklung des Lebens, und damit auch zuletzt die Entstehung des Menschen, nicht unbedingt notwendig war als Folge eines unausweichlich dem Leben innewohnenden Gesetzes. Evolution geschieht also, ohne daß der Biologe eigentlich sehen könnte, warum sie nötig wäre. Wo sie geschieht, bringt sie Vorteile im Sinne einer verfeinerten Organisation, einer umfassenderen Bewältigung der Umwelt, und bei Tieren vor allem im Sinne einer zunehmenden Individualität, die schließlich zu einem von Bewußtsein erhellten Innenleben führt. Aber wo sie nicht geschieht, geht es offenbar auch ohne sie über die Jahrmillionen hin, gewissermaßen im Stillstand auf der einmal erreichten Höhe.

Die Biologen haben nur den einen Fall, eben die Evolution des Lebens auf der Erde, die sich bis zum Menschen hin steigerte. Was man von ihnen als Voraussage erhofft, höheres Leben in anderen Sonnensystemen, eben das brauchten sie dringend, um an einem solchen zweiten Fall überhaupt erst die Gesetzmäßigkeit abzulesen, die zu einer Voraussage führen könnte. Hätten sie die Möglichkeit, das Leben auf zwei Planeten zu vergleichen, so wäre es nicht schwer, die Bedingungen auch für einen dritten und alle weiteren vorauszusagen, dann wüßte man, was Zufall und was Gesetz ist an der Evolution. Aus einem Einzelfall aber kann die Wissenschaft solche Gewißheit nicht ableiten.

Sind wir einmalig im Kosmos? Oder stellen wir das zwangsläufige Endprodukt der Anhäufung günstiger Konstellationen dar, wie sie sich im Weltall vielfach wiederholt haben müssen? Für beide Ansichten hat man sogar Berechnungen gewagt. Der englische Zoologe Sandon schätzte den Zufallswert der Evolution einer menschenähnlichen Intelligenz, die Wahrscheinlichkeit für unsere Entstehung auf 1 : 1 Quintillion. Das ist eine riesige Zahl mit dreißig Nullen; das ganze uns bekannte Weltall mit seinen Milliarden von Milchstraßen würde bei weitem nicht ausreichen, um auch nur auf einem einzigen weiteren Planeten intelligentes Leben zu erwarten. Dagegen sind andere Berechnungen angestellt worden, wie die sogenannte Green-Banks-Gleichung, in denen die Höherentwicklung einmal vorhandenen Lebens bis zu intelligenten Wesen ganz im Sinne Haeckels als regelmäßiges Ergebnis der Evolution eingesetzt wird. Sie kommen dabei zu Vorstellungen von einem Dutzend bis einigen Millionen von menschlichen Zivilisationen pro Milchstraße! Beide Berechnungen aber bleiben völlig unverbindlich, solange es der Biologie nicht gelingt, eine Aussage darüber zu machen, wie viel oder wie wenig Zufall an unserer Entstehung hier auf der Erde beteiligt war.

Die Hoffnung, daß eine solche Aussage einmal von der Vererbungswissenschaft her möglich würde, hat sich bisher nicht erfüllt. Wir wissen zwar bis in die Biochemie der Riesenmoleküle hinein, wie es kommt, daß eine Evolution der Organismen normalerweise *nicht* stattfindet, sondern die genetische Information unverändert auf die nächste Generation übertragen wird. Wir wissen auch, wie es gelegentlich zu Mutationen im Erbgefüge kommt, die sich dann der Selektion durch die Umwelt anbieten und zur Spaltung der Arten, zur ganzen Vielfalt der Formen auf dem jeweils erreichten Niveau der Entwicklung, führen. Aber es fehlt bisher jeder gesicherte Einblick in ein der chemischen Katalyse vergleichbares, aufwärtsführendes biologisches Prinzip, das solche Mutationen dem Zufall entzöge und sinnvoll geordnet auf eine Höherentwicklung ausrichtete. Letztlich gilt also noch immer Kants Einschränkung, daß wir die Erzeugung eines Grashalmes – die Evolution als biohistorischen Prozeß – nicht restlos begreiflich machen können. Allerdings sind wir deshalb nicht mehr der Meinung, daß es einen »Newton des Grashalmes« nie geben könne. Er ist nur noch nicht da! Daß eine Wissenschaft die Grenze ihrer gegenwärtigen Aussagemöglichkeiten erkennt, ist Teil ihrer notwendigen Methode, ja ist selbst eine klare wissenschaftliche Aussage. Dahinter aber wird immer die Hoffnung stehen, daß solche Grenze durch neue Erkenntnisse aufgehoben und vorgeschoben werden kann. Auch für die Evolutionslehre können wir hoffen, daß unser Blick eines Tages weiter reichen wird und daß wir eine Aussage darüber machen werden, wie wahrscheinlich es war, daß die Entwicklung des Lebens bis zu uns hin verlief.

Selbst wenn sich dann zeigen sollte, daß wir nicht allein sind im Kosmos, wäre allerdings der praktische Nutzen solcher Kenntnis gering, denn soviel steht schon jetzt fest: Der nächste Planet, auf dem menschenähnliches Leben bestehen könnte, wäre jedenfalls so weit von uns entfernt, daß eine Verbindung mit ihm außerhalb der technischen Reichweite und der uns zur Verfügung stehenden Lebenszeit läge.

So bleiben wir also einmalig in unserer Umwelt, auch wenn wir sie durch Raumfahrt zum Sonnensystem ausweiten, denn was auch immer außerhalb existieren mag, liegt hinter dem uns erreichbaren Horizont. So trifft sich die Frage, ob die Menschheit als Ganzes eine einmalige Erscheinung ist, mit den anderen großen Fragen, die jeden einzelnen von uns zum Gegenstand haben und die auch unermüdlich hinter den Horizont zu greifen versuchen: Sind wir selbst – als einzelne – einmalig, unverlierbar, sind wir ein Zufallsprodukt, oder hat uns eine Absicht geordnet, bleiben wir in diesem Universum, oder fallen wir eines Tages wieder aus ihm heraus? Diese Fragen haben ihren Sinn für uns, auch wenn sie die Wissenschaft nicht lösen kann. Sie zeigen uns beim Blick in die Weiten des Raumes und der Zeit wie ein Spiegel unser eigenes Bild und lassen uns ahnen, daß alle Wissenschaft nur bis zu einer Grenze führt, hinter der wir die Kraft zu letzten Antworten in der Tiefe unseres eigenen Inneren suchen müssen.

Unser Körper, den man berühren, öffnen und zergliedern kann und dessen Organe sich auf ihre Form und Funktion hin untersuchen lassen wie andere Gegenstände auch, war im allmählichen Zugriff der Naturwissenschaften zum rechtmäßigen Objekt einer Zoologie des Menschen geworden; ihm und damit dem Menschen selbst wurde im Laufe der Entwicklung sein Platz angewiesen an der Spitze eines Kontinuums der Evolution des Lebendigen. Auch die seelisch-geistigen Eigenschaften, die zum Bild dieses Menschen gehören, verweisen ihn an diese Stelle. Die Leistungen der Seele und des Geistes sind nach unserem sicheren Gefühl sogar das eigentliche Merkmal unserer Art, und ihre Untersuchung geht uns noch viel unmittelbarer an, kann uns viel näher an uns selbst heranführen, als es die Anatomie unserer Organe könnte. Dennoch stehen wir vor einer großen Schwierigkeit, wenn wir nun versuchen wollen, nach der vergleichenden Anatomie des Körpers auch eine naturwissenschaftliche Bestandsaufnahme der Seele durchzuführen. Denn unsere eigene Skepsis bedrängt uns sofort mit der zweifelnden Frage, ob es eine Seele wirklich gibt? Eine merkwürdige Situation: der gleiche Impuls, der die Frage nach uns selbst zu unserem dringenden seelischen Bedürfnis macht, treibt uns dazu, diesen Impuls kritisch und mißtrauisch zu befragen, wo er denn herkomme, und ihn zu betasten, ob es ihn denn wirklich gäbe. Die Frage, was wir über unseren Körper hinaus sind, bleibt wie gebannt im Raum stehen, weil sie von der Unsicherheit gelähmt wird, *ob* wir denn überhaupt über unseren Körper hinaus noch etwas anderes sind.

In unserer Unsicherheit spiegelt sich eine Urerfahrung des Menschen: Nichts hat sich am Körper eines Toten anatomisch geändert gegenüber dem Zustand des eben noch Lebenden, mit dem Erkalten schwindet etwas, das ganz gewiß sein Eigentliches ausmachte, sein Leben, das sich aber trotz aller Wirklichkeit, die es eben noch besaß, nicht fassen, nicht wahrnehmen und daher nicht mit Sicherheit beschreiben läßt. Dieses unsichtbare Etwas scheint dem Körper des Verstorbenen entflohen zu sein, ein solches Unsichtbares scheint beim Erwachen in den Körper eines Schlafenden zurückzukehren. Aus dem Zwang dieser Erfahrung kommen alle Völker, so unterschiedlich auch sonst ihr Weltbild sein mag, zur zunächst einzig möglichen Erkenntnis, daß also in diesem an sich leblosen Körper des Menschen etwas Belebendes wohnt, eine Seele. Wo sie herkommt, wenn wir geboren werden, wie sie sich im Zustand der Krankheit verändert und wohin sie geht, wenn sie uns im Tode wieder verläßt, das wird in der Bildersprache der Mythen verschieden beantwortet. Aber daß es diese Seele gibt – was immer sie sein mag –, darüber sind sich zunächst alle einig. Wenn dann aber zu der Auskunft der Mythen auch die philosophische Verarbeitung des selbst Erfahrenen und der Wunsch nach exakter Beobachtung der Fakten und nach der Möglichkeit des heilenden Eingreifens tritt, dann beginnt sich ein Unterschied in der Erfahrbarkeit des Wirklichen aufzutun, der alle folgenden Schwierigkeiten als Keim in sich birgt. Die Fakten der durch Sinneseindrücke wahrnehmbaren Natur – Größe, Farbe, Form, Geruch und Wärme der Dinge –, auch unseres eigenen Körpers und seiner Krankheiten, haben eine unmittelbare Verbindlichkeit für den Beobachter und seine Mitwelt. Daß es einen Baum, wie er vor unseren Augen steht, tatsächlich dort an seiner Stelle und in seiner ganz bestimmten Gestalt gibt, das hat als Faktum einen hohen Wirklichkeitswert. Ein Zweifel daran scheint uns kaum möglich, die Frage nach der Größe wird nicht durch Diskussion und Überlegung, sondern durch ein Metermaß eindeutig zu klären sein. Wenn es uns dagegen scheint, daß sich die Seele eines Kranken verdüstert oder daß ein toter Körper von seiner Seele verlassen worden ist, so haben wir keine Möglichkeit des Beweises, denn unsere Aussage zielt nicht eigentlich auf ein durch Maß und Größe beweisbares Faktum hin, sondern ist selbst bereits die Folgerung aus einem Faktum. Folgerungen aber kann man immer anzweifeln, falls sie nicht in der erdfernen Höhe der reinen Mathematik und Logik liegen. Ob es eine Seele gibt und wie sie beschaffen ist, muß also in einem dimensionslosen Raum erwogen werden, in dem die klare Durchschlagskraft des Faktischen und das starke Argument des sinnlich Wahrnehmbaren zurücktreten.

Die Frage nach unserer Seele läßt sich nicht messend und wägend als *Tatsache* abtun, sondern erfordert statt der Sache uns selbst, als die handelnde Person, die nachzudenken hat, die als Denkende mit ihrem Denken identisch ist und daher sich selbst exponiert, mit ihren Gedanken auch sich selbst ausspricht. Gerade das war den Denkern der Antike anziehend, ja als das eigentlich Menschenwürdige an einem Frageansatz erschienen, gerade daher rührte ihre vorsichtige Zurückhaltung gegenüber der Sinnen- und Körperwelt und ihre Sicherheit beim Zugang zur

Wahrheit der geistigen Welt. Auch Aristoteles, der uns doch so viel diesseitiger und sachlicher vorkommt als sein ganz in den reinen Ideen lebender Lehrer Plato, schreibt zunächst einmal ein grundlegendes Werk über die Seele, entwickelt also zunächst alles, was als reine Denkanstrengung seiner Person vorwegzugehen hat, ehe er sich den Organen des Tierkörpers und ihren Leistungen zuwendet. »Die Seele ist des lebenden Körpers Ursache und Grund«, sagt er, und alle Lebewesen haben sie, »damit sie nach Vermögen am Ewigen und Göttlichen Anteil haben. Denn nach diesem strebt alles und auf diesen Endzweck hin wirkt gemäß seiner Natur alles, was wirkt« (De anima II, 4). Noch spät im Mittelalter wird uns bei einem so klaren Kopf wie dem Philosophen und Mathematiker Leibniz die Ansicht begegnen, daß Gedanken die eigentlich wirklichen Dinge sind, dagegen Materie, Körper, Organe nur »verworrene Vorstellungen«, zu denen unsere Gedanken auf dem gefahrvollen Umweg über den Augenschein gelangen. Wir als Subjekt stehen also der Wahrheit näher als die Objekte, in denen wir, wenn wir sie beobachten, notwendig unsere eigene Subjektivität spiegeln.

Diese Alternative erschreckt uns heute im Jahrhundert der Naturwissenschaften, denn wir hoffen doch immer wieder, aus der persönlichen Haftung für unser Subjektsein durch die Allgemeinverbindlichkeit des Objektiven entlassen werden zu können, und wir jagen dem Wunsch nach, bei unseren Aussagen über ein »Ich denke, daß es so ist« hinauszukommen und zu einem objektiven »Es ist an sich so« zu gelangen. Das *Ding an sich* heißt dieses ferne Ziel der Kantschen Erkenntnislehre, das sich wie eine Fata Morgana am Horizont für den durstigen Wüstenwanderer erhebt und nie zu erreichen ist, weil es in dem Maß zurückweicht, wie wir darauf zugehen, und weil es seine ganze Anziehungskraft nur der Hoffnung verdankt, mit der wir es in unserer Erwartung ausgestattet haben. Gerade unsere Hoffnung auf die Stärke der Objektivität erweist sich aber als unsere subjektive Schwäche: Wir wollen die Anstrengung nicht wagen, in unserer Vorstellungswelt die Wirklichkeit draußen, so wie wir sie durch die Fenster der Sinne wahrnehmen, mit unserer eigenen Kraft als erfahrene Wahrheit in unserem Innern nachzubauen. Wir halten es für leichter und sicherer, unserer inneren Wirklichkeit zu mißtrauen, uns selbst aus dem Prozeß unserer Weltbewältigung möglichst herauszuhalten und uns nur dadurch zu stützen, daß wir uns an den äußeren Fakten festklammern als dem einzig verläßlichen Halt. Wer sich aber festklammert, muß den Preis der Beweglichkeit, der Freiheit, für das zahlen, was er an Sicherheit gewinnt. Wer sich nur auf meßbare Fakten verläßt, auf die Quantitäten, der muß dafür die Qualitäten opfern und sich so mit einem Teil des Ganzen zufrieden geben. In der Frage nach der Seele ist dieser Preis von manchen Denkern und Naturwissenschaftlern bewußt gezahlt worden: Für Descartes hat zwar der Mensch einen Geist, aber das Tier war ihm nur ein seelenloser Automat, der in bestimmten Situationen bestimmte Verhaltensweisen zeigt. Ganz in dieser Linie blieb später der russische Physiologe Pawlow, wenn er seine Hunde-Experimente deutete, als seien sie an solchen Automaten gemacht, deren Funktionskreise zu untersuchen wären. Was er fand, waren unbezweifelbare Tatbestände, *Reflexketten,* aber sie waren nur der Bodensatz der Wirklichkeit. Das Allgemeinverbindliche ist oft zugleich auch das Unverbindliche. Wo sich der Wunsch nach unbezweifelbaren Wissensfakten in der quantitativen Methodik erschöpft, muß man mit solchen dürren Resultaten vorliebnehmen und vielleicht sogar auf die eigentliche Aussage verzichten. Denn »die Tatsachen gehören alle zur Aufgabe und nicht zur Lösung«, sagt der Philosoph Wittgenstein, aber er versperrt uns zugleich den Zugang zu jeder objektiven Lösung, wenn er schließlich konsequent zur einzig sicheren Methode rät, um alle Subjektivität zu vermeiden: zum Schweigen!

In dem naturwissenschaftlichen Bemühen um die Erforschung der Seele, vor allem der Tierseele, zeigt sich dieser Wunsch nach Objektivität sogleich sehr deutlich. Schon der Name Tierpsychologie erscheint als zu belastet, und man spricht daher lieber von Verhaltenskunde, untersucht also das *Behaviour* eines Lebewesens unter bewußtem Verzicht auf die Vorstellung, daß diesem Verhalten eine Seele zugrunde läge. Nur ein solcher Verzicht, so meint man, sei wissenschaftlich einwandfrei, denn die Seele sei nun mal eine unbewiesene Größe, ihre Existenz eine Hypothese. Es mag sein, daß ein solcher sparsamer Ansatz methodisch rätsam und sogar der zunächst einzig mögliche ist – er befriedigt uns dennoch nicht, weil die Existenz einer Seele für unsere eigene Person als vorwissenschaftliche Gewißheit einen so hohen Stellenwert hat, daß für uns die Vorstellung, seelenlos zu sein, geradezu als verkrampfte Hypothese gelten muß. Gleicht der moderne *Behaviourist,* wie sich der skeptisch-unterkühlte naturwissenschaftliche Verhaltensforscher nennt, nicht einem Beobachter, der den nächtlichen Autoverkehr an einer Straßenkreuzung objektiv beschreiben und verstehen will und dabei aus methodischer Selbstbeschränkung zunächst davon ausgeht, daß Autos sich bewegende Gegenstände seien, daß es aber hypothetisch bleiben müsse, ob es in ihnen einen Fahrer gäbe oder nicht? Er wird mit diesem Ansatz zu der Feststellung kommen, daß die Wagen in der Lage sind, Signale von Verkehrsampeln in ihrem Verhalten zu berücksichtigen und daß es in der Verläßlichkeit und Geschwindigkeit dieser Reflexketten gewisse statistisch erfaßbare Unterschiede der Individuen gibt. Das alles ist ja richtig, aber es ist nicht viel an Erkenntnis, und es wird kaum jemandem genügen. Sowie wir nun aber weiterfragen nach dem Warum dieses Verhaltens, werden wir wieder auf Hypothesen angewiesen sein, und unter denen wird doch schließlich die noch am wahrscheinlichsten wirken, die man vorher ausschließen wollte, nämlich daß es neben dem Motor als Antrieb der Maschinen auch ein System gebe, das Signale wahrnehmen kann und schließlich eine Instanz, die aus den Wahrnehmungen sinnvolle Schlüsse zieht.

Mit einer solchen Unterscheidung wären wir dann wieder dort angelangt, wo das Bemühen um die Anatomie der Seele bei Aristoteles begann. Denn für ihn war schon klar, daß die Seele in zwei Funktionen deutlich wird: einmal als Anstoß für die Lebensäußerungen, also als Lebenskraft schlechthin, wie sie in reiner Form die Pflanzen zeigen, dann aber als Instanz der Wahrnehmung, wie sie die Seelenstufe der Tiere auszeichnet. Über diesen Schichten liegt dann der Geist, der allein die Wahrnehmungen auswerten und in sinnvolle Handlungen umsetzen kann. »Es scheint aber der Geist, als Denkkraft verstanden, nicht gleicherweise allen Lebewesen innezuwohnen, nicht einmal allen Menschen!« sagt Aristoteles (De anima I, 2). Wo diese Denkkraft zur göttlichen Vernunft, zum *Nous,* wird – nicht einmal bei *allen* Menschen, aber doch bei denen, die seelisch und geistig gesund und reif sind –, da ist bei Aristoteles eine dreigliedrige Hierarchie von Kräften wirksam, die als Ganzes dieses Unsichtbare, Unmeßbare, Unwägbare und doch so gewiß Erfahrbare der Seele ausmacht. Als die Pythagoräer sich an die Aufgabe wagen, auch das Unsichtbare und Unkörperliche zu beschreiben, kommen sie zu einem Bild, das uns in seiner poetischen Schönheit betroffen macht: Die Seele sei die Kraft, die auch die Sonnenstäubchen in der Luft bewege, ja diese Sonnenstäubchen selbst, die im einfallenden Licht des Fensters vor unseren Augen tanzen, seien ein Abbild der Seele.

Dreiteilig wäre also diese seelisch-geistige Kraft, die aus unserem Körper den Menschen macht. Aber diese Anatomie der Seele läßt sich doch schwer durchhalten; primitive Strebungen, wie der Trieb nach Nahrung und Atmung, mächtige Kräfte wie Liebe und Haß, hohe Tugenden wie Mut und Wahrhaftigkeit, und dann wieder so unterschiedliche Erscheinungen wie der Wille, die Vorstellungskraft, die Klugheit, Erinnerungsvermögen, Traum und Wachbewußtsein – alles das sind doch Wirklichkeiten unserer Erfahrung mit dem Menschen, und alles das sind Größen ohne räumliche Konturen, die sich nicht in ein Gitterwerk von Stufen und Gliederungen einfangen lassen wollen. So entgleiten sie dem Zugriff der philosophischen Seziermesser immer wieder, sind nicht zu fassen: nicht als Sonnenstäubchen, als Wärme, als Atome oder als die Elemente, nicht zweigliedrig als Seele und Geist, nicht dreigliedrig, wie bei Aristoteles und Plato, nicht fünfgliedrig und nicht zehngliedrig, und vor allem nicht, wenn als Leitsatz *vor* jeder solchen Gliederung steht, daß es keinen Sprung, keinen Übergang zwischen den Stufen geben dürfe, weil eine philosophische Gliederung echte Grenzen freizulegen habe. Zu diesem Dilemma, in dem erfahrbare Wirklichkeit mit einem methodischen Vorentscheid belastet war, tritt nun im Verlauf des nächsten Jahrtausends noch das christliche Offenbarungswissen über die Seele des Menschen und macht die Lage vollends verwirrend: nur ein entschlossener Schlag, von der Hand einer Autorität geführt, kann diesen gordischen Knoten aus Erfahrungen, Vermutungen und Hoffnungen lösen. Thomas von Aquin führt diesen lösenden Schlag, setzt damit im Jahrhundert der Hochscholastik dem alten Streit um die Anatomie der Seele ein Ende und prägt das Bild des Menschen, wie es – zumindest im Raum der Theologie – bis in unsere Tage gegolten hat. Es gibt nur eine ungeteilte und unteilbare Seele im Menschen, die *anima intellectualis,* seine unsterbliche Geistseele. »Diese eine Geistseele«, so sagt Thomas, »ist zugleich das Prinzip des geistigen, des wahrnehmenden und des vegetativen Lebens im menschlichen Individuum; sie ist die einheitliche Quelle der Denkfähigkeit, der Empfindungsfähigkeit und des körperlichen Lebens« (S. th. I qu. 76).

Die Kluft zum Tier ist damit unüberbrückbar geworden, denn dort, außerhalb des Menschen, herrscht nach Thomas eine ganz andere Situation: die Tierseele – *anima sensitiva* – ist ausschließlich die Instanz der Sinnestätigkeit und ist keiner geistigen Funktionen fähig, sie besitzt kein von der Materie unabhängiges, selbständiges Sein. *Bestiae aguntur, non agunt* – die Tiere handeln nicht, sondern es handelt in ihnen – gilt von nun an in der ganzen Scholastik, und man muß vor diesem Hintergrund sehen, welche reformatorische Kühnheit darin liegt, wenn Martin Luther dem großen Doctor angelicus entgegenhält: »Ich glaube, daß auch die Hündlein und Belferlein in den Himmel kommen und daß *jede* Kreatur eine unsterbliche Seele hat.« Wer wollte hier den Richter spielen und entscheiden, wo die Wahrheit liegt? Im Grunde bleibt es bei der alten Schwierigkeit, die uns bei jeder Aussage über die Tiere begleiten wird und die schon 1748 der Philosoph Berno gültig formulierte: »Was sollen wir doch viel von der Seele der Tiere philosophieren, da wir niemals in einem Tier gesteckt!«

Bei den Tieren kommen wir also hier nicht weiter, es muß die Anatomie der Seele dort beginnen, wo uns die seelisch-geistigen Erscheinungen am nächsten sind, also bei uns selbst. Daß es diese Phänomene bei uns gibt, darüber kann kein Zweifel herrschen, unser Vermögen, Begriffe zu bilden, muß sich also zunächst an sich selbst bewähren, die Hände, die das Seziermesser führen, müssen im Griff nach dem Messer zugleich sich selbst fühlen und abtasten. Was unsere Seele ist und was sie leistet, hängt eng zusammen und ist nicht zu trennen, jedenfalls nicht von uns, die wir zugleich der Schauplatz und der Akteur sind. Die *Begriffe*, die wir uns von den Leistungen unseres seelisch-geistigen Vermögens machen können, sind daher zugleich die echten Bestandteile dieses Vermögens selbst. Das aber bedeutet, daß Nachdenken und Nachschauen, Philosophie und Naturwissenschaft, nicht mehr zu trennen sind in dem Bereich des Forschens, das über unsere eigene Seele Gewißheit erlangen will. In ihr sind körperlich Bedingtes und Unkörperliches, Physisches und Metaphysisches, Zerlegbares und selbst Zerlegendes untrennbar verbunden. »Und deswegen« – um ein letztes Mal den alten Meister Aristoteles zu zitieren – »kommt es ohne weiteres dem Naturforscher zu, Betrachtungen über die Seele anzustellen, über jede Seele oder doch eine bestimmte Art von Seele« (De anima I, 1).

Mit Thomas beginnt diese entschlossene Behandlung der menschlichen Geistseele als eines Systems, das man erforscht, indem man es erfährt. Sein Schüler Meister Eckhart führt dieses Bemühen im christlichen Sinne weiter, er philosophiert und predigt über die Seele und über das »ungeschaffene« göttliche »Seelenfünklein« in uns. Zugleich aber schafft er die Voraussetzung für das weitere wissenschaftliche Bemühen, indem er die Ratio und den Intellekt als klare Begriffe unterscheidet und ihnen dabei auch die deutschen Namen gibt, die sie nun im kommenden Streit der Jahrhunderte tragen werden: Verstand und Vernunft. Erst bei Kant erhalten sie ihre Definition, die auch heute noch gültig ist: Der *Verstand* ist das Vermögen des richtigen Erkennens und Beurteilens, das zur Bildung der Begriffe führt; die *Vernunft* aber ist die darüber liegende Fähigkeit des Menschen zu intelligenter Einsicht, die den Zusammenhang und Abschluß der Begriffe stiftet.

Wäre dieses Leistungsvermögen unbeschränkt, so hätte auch der Geist selbst keine erkennbaren Konturen. Ließe sich aber bei kritischem Nachdenken eine Grenze finden, ein letztes, unüberschreitbares Ziel für Verstand und Vernunft, so hätte man damit zugleich auch den Geist selbst umgrenzt, und so würde er die Umrisse seiner eigenen Gestalt zu erkennen geben. In diesem Bemühen schafft Immanuel Kant, der Königsberger Denker, seine Erkenntniskritik, in der er nun wirklich mit der Einsicht in die »ursprünglichen Gesetze des Geistes« zugleich einen Einblick in die Anatomie unserer Seele logisch erzwingt. Seine große Tat ist die Entdeckung, daß unser Erkennungsvermögen *a-priorisch*, das heißt angeborenermaßen und daher unausweichlich, auf die Anschauungsformen von Raum und Zeit festgelegt ist und daß unser Urteil sich in ebenso festgelegten *reinen Verstandesbegriffen* bewegt, den sogenannten Kategorien, von denen er zwölf aufzählt, wie die Kausalität, die Eindeutigkeit, die Vielheit usw. Damit ist zwar nicht die Welt erkannt, aber das Organ, das die Erkennung der Welt leisten soll. Mit der Frage nach dem *Ding an sich* kann auch die nach der *Seele an sich* und dem *Geist an sich* endlich wie eine Fessel abgelegt werden. Alles was wir über die Seele oder sonst eine Erscheinung dieser Welt erkennen können, ist also nur so gewiß, wie es *uns* gibt. Schließen wir aber uns, das Subjekt, aus, so bleibt ein objektiv in sich selbst ruhender leerer Raum, in dem nicht einmal die Frage mehr existieren kann. Aussage ist nur möglich, wo ein erkennendes Subjekt diese Aussage macht, und was unser Verstand nach seinen angeborenen Möglichkeiten erkennen kann, das wird damit zur Struktur der Welt selbst. Unser natürliches Bedürfnis nach Zusammenfassung und Abschluß dieser Strukturen führt dann – so sagt Kant – unsere Vernunft zu den Ideen, die allein solchen Abschluß für uns leisten können, die aber auf ihre objektive Wahrheit nicht weiter hinterfragbar sind. Eine der drei großen Ideen am Ende allen Fragens aber, in die nach Kant unsere Vernunft einmündet, wenn sie letzten Abschluß und Zusammenhang unserer Erkenntnis stiften soll, ist die *Seele*! So blicken wir also bei unserer Frage nach der Seele zuletzt in den Spiegel, erkennen dort unser Abbild und lernen, mit ihm als letzter Wirklichkeit der Erkenntnis vorliebzunehmen als mit der einzigen uns erreichbaren Wahrheit.

In diesem Spiegel unseres Erkenntnisvermögens sehen wir die Konturen unserer Seele, und wenn wir nicht länger versuchen, hinter dieses Bild zu gelangen, sondern uns vernünftigerweise darauf konzentrieren, das Bild selbst zu betrachten, so kann nun eine echte beschreibende Wissenschaft von der Seele entstehen. Sie wird erst mehr als hundert Jahre nach Kant deutlich, als Sigmund Freud im Wien der Jahrhundertwende auf der Suche nach den Ursachen von seelischen Störungen mit naturwissenschaftlicher Analyse auch in die Schichten des *Unbewußten* vordringt. Er findet in diesen niederen Schichten die Triebe wieder, also die angeborenen Strukturen, die es nach Ansicht der Scholasten nur bei den Tieren geben darf und die nach Kant das direkte Wirken des göttlichen Willens sind. Freud findet sozusagen das Tier in unserer Seele und deckt damit auf, daß die treibende Kraft der Triebe, vor allem die animalische Macht des Geschlechtstriebs, eine allgemeine Struktur im unteren Stockwerk der Seele ist. Die Wirklichkeit und Größe dieser sogenannten tierischen Triebe und Instinkte läßt sich in der nun beginnenden wissenschaftlichen Bestandsaufnahme unseres Seeleninventars nicht länger leugnen, ja es scheint Freud sogar, als wenn diese Triebe der eigentliche und direkte Anlaß unseres Handelns sind und alle höheren Formen des menschlichen Verhaltens nur aus ihrer Verklemmung, Verdrängung und bestenfalls gelungenen sublimierenden Verwandlung herrühren.

Als Ärzte haben Freud und seine Schule der Psychoanalytiker sogar ein Argument für die Richtigkeit ihrer Befunde zur Verfügung, das die Philosophen nicht ins Feld führen können: Es gelingt mit Hilfe der richtigen Einsicht in die Struktur der Seele auch, in Fällen von seelisch-geistigen Erkrankungen echte Heilerfolge zu erzielen. Die Seelenkunde kann so aus dem Stadium der anatomischen Erforschung in das der medizinischen Anwendung übergehen. Dabei wird sich allerdings bald zeigen, wie schwierig die Seelen-Anatomie ist und wie kompliziert und vieldeutig alles, was sich in der Analyse der Träume und Wachzustände unseres Geistes auffinden läßt. Denn bei der Weiterführung der Freudschen Psychoanalyse stößt C. G. Jung durch die tierische Triebebene unseres Unbewußten hindurch und entdeckt in der Tiefe, weit unter allen durch Verdrängung, Erfahrung und andere Einflüsse erworbenen Inhalten, eine tragende Schicht von angeborenen *Archetypen* unserer Seele. Sie bilden aufgrund angeborener, unveränderlicher Gehirnstrukturen das »kollektive Unbewußte« der Menschen, haben also in ihren speziellen Inhalten gar nichts mit dem Tier zu tun, sondern stehen in direktem Zusammenhang mit den Begriffen, die Kant als die höchsten Ideen unserer Vernunft beschrieb.

Damit ist zwar wiederum der Mensch auf sich selbst zurückverwiesen, aber doch nur in den Fragen, die er sich selbst nach dem Inhalt seines Seelenlebens stellt. Für die vergleichende Anatomie der Seele aber bleibt es bei der durch Kant vorbereiteten und durch Freud und Jung weitergeführten Erkenntnis, daß für Tier und Mensch eine einheitliche, naturwissenschaftlich untersuchbare Grundsituation herrscht: Die Seele wird erkennbar an den von der Gehirnstruktur abhängigen erblichen Möglichkeiten und Grenzen der Wahrnehmung und des Verstehens, und sie läßt sich an den Verhaltensäußerungen studieren. »Es gibt nur *eine* Psychologie!« sagt daher Konrad Lorenz sehr entschieden, als sich 1940 in Königsberg bei ihm ein Schüler vorstellt, der »Tierpsychologie« betreiben möchte. Wie schnell diese eine Psychologie im Vergleich von tierischem und menschlichem Verhalten zu wichtigen Entdeckungen in der Anatomie der Seele kommen kann, zeigt Konrad Lorenz schon 1943 in seiner grundlegenden Schrift über die *›Angeborenen Formen der möglichen Erfahrung‹*. In Erweiterung der Technik von Uexküll hat Lorenz hier mit Attrappenversuchen geprüft und aufgedeckt, was er das *angeborene Verstehen* nennt. Die *unbedingten Reflexe*, die Pawlow im Verhalten der Tiere beschrieben hatte, erweisen sich als doch entscheidend mehr denn nur reflex – sie sind hochkomplizierte Selektionsvorgänge, bei denen ein angeborenes *Schema* der Seele wie ein auf bestimmte Frequenz eingestelltes Empfangsgerät auf besondere Schlüsselreize antwortet. Ein bestimmter *Auslöser* – ein sichtbares Signal, ein Geruch oder auch ein Ton – fällt sozusagen in einen erblich fixierten Eingabeschlitz der Seele und bewirkt dort eine genau festgelegte Reaktion, die als meßbare Verhaltensäußerung deutlich wird. Die Wirkungen lassen sich sogar summieren, ebenso wie die Intensität der auslösenden Reize.

Eine meßbare, naturwissenschaftlich zu erforschende seelische Struktur ist damit aufgefunden, und diese *angeborenen Auslösermechanismen*, wie Lorenz sie später nennt, sind bei Tier und

Mensch nicht nur ähnlich, sondern in einzelnen Fällen sogar gleich. Am bekannten *Kindchen-Schema* läßt sich dies besonders deutlich zeigen. Daß wir einen jungen Hund und ein kleines Tier »niedlich« finden, ist die Wirkung einer Reihe von bestimmten Auslösern auf unsere Wahrnehmung: Kopfproportion, Stirnhöhe, große Augen, weiche und warme Haut, sind solche Signale, die in uns unbewußt und instinktiv ein Urteil vorformen, gegen das wir sozusagen machtlos sind. Jeder Mensch ist von seiner inneren Struktur her zunächst einmal gezwungen, ein Hühnerküken oder einen jungen Hund niedlich zu finden – er kann sich nur unter Aufbietung hoher intellektueller Kräfte dagegen wehren –, und dieser Zwang, der zur Handlung des Aufnehmens, Streichelns und Pflegens drängt, ist exakt abhängig von der Menge und Intensität der Auslöser, die ein solches Jungtier zeigt. Genau die gleiche Wirkung haben diese Auslöser auch auf erwachsene Tiere, vor allem auf das Muttertier, und hier erweist sich die Wirkung im sofort einsetzenden Pflegeverhalten. Wir werden davon im einzelnen noch zu sprechen haben, hier soll uns nur interessieren, daß in diesen Mechanismen also eine seelische Struktur der Organismen aufgedeckt worden ist, die ihren biologischen Sinn und damit ihren evolutiven Wert erweist und so – auch beim Menschen – ganz in die Zoologie hineinreicht, ja sogar die Hoffnung weckt, bis an ihre gehirnphysiologische Basis verfolgt werden zu können.

Auch die theoretische Alternative zwischen Ererbtem und Erlerntem wurde in weiteren Versuchen der vergleichenden Verhaltensforschung überwunden, als es Lorenz und anderen gelang, die *Prägungsmechanismen* nachzuweisen. In der Reihe der angeborenen Formen möglicher Erfahrung gibt es nicht nur die engen und genormten seelischen Eingabeschlitze der Auslösermechanismen, sondern auch weniger enge, diffuse Erwartungshaltungen, die erst noch durch einen konkreten Inhalt geformt werden müssen, um zu Auslösermechanismen zu erstarren. Eine junge Ente läßt sich in einem bestimmten Zeitraum weniger Stunden nach dem Schlüpfen aus dem Ei durch den ersten ihr begegnenden sichtbaren und hörbaren beweglichen Gegenstand auf alle künftigen »Mutter«-Reize prägen, auch wenn dieser Gegenstand keine Ente, sondern ein Mensch oder sogar ein lebloses Ersatzobjekt ist. Die Nachfolge-Reaktion einer »fehlgeprägten« Ente, die unbeirrbar bis zum Ende ihrer Jugendzeit der falschen Mutter anhängt, zeigt eindeutig, daß Erbgut und Erfahrungsgut auch beim Tier schon zur Anatomie der Seele gehören. Daß sich solche Verhaltensstörungen, die auf gemeinsame seelische Grundstrukturen hinweisen, in vergleichbarer Weise auch beim Menschen finden – auch hier vor allem durch Fehlprägung in der frühesten Kindheit bedingt –, hat erst vor wenigen Jahren die Psychologin Christa Meves nachgewiesen. Damit ist endgültig klar geworden, was sich als Anatomie der Seele im Ansatz der naturwissenschaftlichen Methode und vor dem Hintergrund der erkenntniskritischen Philosophie beschreiben läßt: eine nicht weiter hinterfragbare, für uns als Subjekt *objektiv* richtige Struktur von Schichten und Mechanismen, die sich beim Tier wie beim Menschen, aus einer gemeinsamen Abstammung herrührend, zu unterschiedlicher Kompliziertheit und Höhe aufbauen. Der Inhalt dieser Schichten ist sowohl artgemäß, also ererbt, wie individuell, also erfahren, und er wird bei uns selbst wenigstens zu einem Teil vom Licht des Bewußtseins erhellt, was wir beim Tier nicht wissen und nicht nachprüfen können.

Sind wir soweit gekommen, so muß den Schluß noch eine weitere Erkenntnis machen: so gern wir bei allen Überlegungen aus methodischen Gründen einen wichtigen, ja entscheidenden Unterschied zwischen Körper und Seele machten, so gern wir materielle und immaterielle Erscheinungen auseinanderhalten wollen, weil die Ur-Erfahrung des toten und des lebenden Körpers uns diese Unterscheidung aufzudrängen scheint, so wenig läßt sich doch diese klare Trennung durchhalten. Weder eine aus körperlichen Atomen zusammengesetzte Seele noch eine aus »verworrenen Vorstellungen« bestehende, nur scheinbar körperliche und in Wirklichkeit geistige Materie wollte uns einleuchten: daß wir *nur* Körper oder *nur* Geist wären, sind offenbar zwei gleich unwahrscheinliche Aspekte der Wirklichkeit. Aber auch die Vorstellung von der Seele, die im Körper wohnt und ihn verlassen kann, so wie er sie, steht in merkwürdiger Unvereinbarkeit neben der naturwissenschaftlichen Erfahrung an den Objekten und unserer eigenen Gewißheit als Subjekt. Wenn man das Dilemma lösen wollte, indem man den psychophysischen Parallelismus einführte, das Neben- und Ineinander von Seele und Körper, so war das eigentlich keine Erklärung, sondern nur die Beschreibung einer unerklärbaren Situation. In der modernen Richtung der psychosomatischen Medizin dagegen zeigt sich, daß eine entschlossene Konzeption der körperlich-seelischen Identität uns der Wahrheit näherbringt als der Parallelismus. Es wird klar, daß es keine körperliche Veränderung gibt, die nicht zugleich seelische Symptome hat, und keine seelische Veränderung ohne körperlichen Ausdruck. Und das nicht nur beim Menschen: Auch eine Ratte, die man experimentell ärgert und quält, hat nach 24 Stunden Magengeschwüre, auch einer Maus, die man zu Tode erschreckt, quellen die Augen aus dem Kopf. Und was die Erkrankungen der Haut bei Mensch und bei Tier an inneren Zuständen widerspiegeln, ist so offenkundig, daß man die antike Weisheit von der Haut als dem Spiegel der Seele heute wieder aufzugreifen lernt.

Stellen wir also zum Schluß nochmals die Frage, ob es *die Seele* eigentlich gibt, so können wir antworten: nein! Aber wir müssen sofort hinzufügen: auch *den Körper* gibt es nicht! Der lebende Mensch ist eine Wirklichkeit, die unser Verstand zwar zergliedern möchte in einen Körper und seine Seele, die aber doch nur dann als lebende Wirklichkeit zu erfassen ist, wenn unsere Vernunft sie als eine unzerlegbare Ganzheit begreift.

Die Sprache – unser Merkmal

Daß die Sprache unser eigentlich menschliches Merkmal ist, daß sie uns deutlicher als alle anderen Eigenschaften von den übrigen Lebewesen unterscheidet, darüber scheinen alle Beobachter einig, die den Menschen vor dem Hintergrund seiner historischen Entwicklung zu begreifen suchen. Bei jedem von uns gab es diese entscheidende Etappe der Menschwerdung, als aus dem animalisch lallenden Säugling das sprechende Kind wurde. Schon in seiner berühmten ›Abhandlung über den Ursprung der Sprache‹ hatte J. G. Herder 1772 gefunden, daß zwar nur der Mensch sprechen kann, daß aber erst die Sprache den Menschen menschlich macht. Hier lag ein Rätsel, ein Paradoxon, vor, denn um das zu erwerben, was ihn auszeichnet, mußte der Mensch es bereits besitzen. Der Säugling bringt ja wirklich die Sprachanlage mit auf die Welt als Merkmal und muß nun die Sprachfähigkeit selbst noch erwerben, um sein Erbe wahrhaft in Besitz zu nehmen. Aber kann man sich eine historische Entwicklung des ganzen Menschengeschlechts aus der Stummheit in die Sprache vorstellen, sollte auch hier die Sprachanlage sich in aller Stille gebildet haben und dann mit einem Schlage dagewesen sein? Es hieß ja schon im Evangelium »Im Anfang war das Wort«, aber: »Ich kann das Wort so hoch unmöglich schätzen ...«, läßt Goethe seinen Faust sagen, der das Wort *Logos* zu übertragen hat, »... ich muß es anders übersetzen!«

Und wirklich, unser vorwissenschaftliches Denken, das sich in den Vorstellungen des einzelnen wie in den Mythen der Völker abbildet, übersetzt es anders: Ordnung und Sinn sind der Logos, den wir am Anfang und als Bestimmung der Dinge zu erkennen glauben, aber das *Wort* scheint erst später mit den Lebewesen geworden oder erschaffen zu sein. In den Märchen und Mythen reden die Tiere noch, und der Mensch erscheint oft als der Ausgeschlossene, der allein ihre Sprache nicht versteht, der nur durch Zauber wieder hineingelangt in die große sprechende und sich verstehende Gemeinschaft der Geschöpfe. Ein letzter Glanz des Paradieses liegt in dieser Vorstellung: »Nun hatte aber alle Welt einerlei Sprache und einerlei Worte« (1. Mos. 11,1). Der Mensch aber wird dann im Bild der Genesis durch die babylonische Sprachverwirrung bestraft, er wird der einzige, der sich nicht einmal mehr mit seiner eigenen Art verständigen kann, wenn ihm nicht ein Pfingstwunder wieder neue Zungen verleiht.

Doch droht uns eine schlimmere, eine babylonische *Denk*verwirrung, wenn wir nicht als erstes zu klären suchen, was denn Sprache eigentlich ist. Wir fassen diesen Begriff im Alltag so weit, daß er fast alle Konturen verliert: wir reden von der Sprache der Menschen, der Tiere, von der klaren Sprache der Tatsachen, wir bringen etwas zur Sprache oder verlieren die Sprache, und schließlich mag sogar jemand in ein vielsagendes Schweigen versinken, das »Bände spricht«. In allen diesen Ausdrücken kommen ganz verschiedene Dinge »zur Sprache«, die alle mit Verständigung, Mitteilung, Information zu tun haben, aber einer klaren Aufgliederung bedürfen, wenn wir eine Übersicht gewinnen wollen. Was ist *Sprache*? Nur das gesprochene Wort oder auch schon der Schrei, das Zeichen, das Signal, das Winken einer Hand?

Wenn wir für eine Zoologie des Menschen zunächst den Blick auf das Tier richten, wird sogleich klar, daß es dort das gesprochene Wort in unserem Sinne nicht gibt. Laute und Zeichen aber finden wir in großer Menge, denn der Mitteilung, Information und Verständigung ist ein wesentlicher Teil des tierischen Verhaltens gewidmet. Wenn wir diese Signale *Sprache* nennen, so brauchen wir nicht wie Siegfried in Drachenblut zu baden, um die Stimme der Vögel zu verstehen, und brauchen nur die Augen zu öffnen, um auch die Schrift dieser Mitteilungssysteme, die optischen Signale, lesen zu können. Denn natürlich bedeutet es etwas, wenn der Pfau sein Rad schlägt, und es ist nicht schwer zu entziffern, was er signalisiert: Seht her, hier ist ein Pfauenmännchen, das ein Weibchen sucht und stark genug ist, es mit jedem anderen Pfauenmännchen aufzunehmen! Die gleiche Mitteilung ist – in der Sprache ihrer Art – in dem Gesang jedes Vogels enthalten und wird verstanden von dem Weibchen, das er locken, und von dem Rivalen, den er vertreiben soll. Wenn der Eichelhäher seinen gellenden Warnruf ertönen läßt, verstehen ihn bald sogar auch die anderen Tiere des Waldes, weil sie lernen, über die Grenze der Art hinweg die Bedeutung dieses Signals zu erkennen.

Im Grunde läßt sich *jede* Daseinsäußerung eines Lebewesens zugleich auch als die Ur-Aussage aller Erscheinungen auffassen, gesprochen in der einen und einzigen Vokabel, in der ein bunter Schmetterling und eine zirpende Grille, die mit den Zangen winkende Krabbe am Meeresstrand und die duftende Blüte das gleiche sagen, mit lauter oder leiser Stimme. Wie sollen wir diese Ur-Vokabel übersetzen? *Hier bin ich!* wäre schon zuviel interpretiert, denn das *Ich* ist ein großes Wort, Tiere werden es kaum kennen, selbst der Mensch erlernt es erst Jahre nach seiner Geburt, und nur aus dem flammenden Dornbusch tönte das *Ich bin der Ich-bin!* Die Lebewesen aber sagen: *Hier ist es* – hier ist ein ganz bestimmtes Etwas, das nur richtig ist, wenn es in einer ganz bestimmten Art *es* ist, wenn es richtig duftet, singt, schrillt, leuchtet nach seiner Art, so wie es sein soll!

Alle sprechen so ihr Sein aus, doch werden wir es nicht *Sprache* nennen, selbst wenn Gleichartige den Ruf vernehmen können, denn erst der reflektierende Verstand des Menschen muß dazutreten, um aus den Zeichen Symbole zu machen, aus den Geräuschen Worte und aus den Signalen die Namen von Begriffen: » ... denn wie er sie nennen würde, so sollen sie heißen«. In unserer Umwelt kann daher selbst ein solches einfaches Existenzsignal zwischen Menschen zur Sprache werden. Wer zum Abschied aus der Ferne, in die keine Worte mehr tragen, mit dem Hut winkt, der will nicht ein Zeichen geben *Hier ist ein Hut* und auch nicht sagen *Hier bin ich*, sondern der ruft in einer Geheimsprache des menschlichen Herzens einen langen Satz, von dem der andere – und nur er – jedes Wort versteht.

Doch auch bei den Tieren gibt es Information und Verständigung weit hinaus über das pflanzenhafte *Hier-ist-es*-Signal. Der Zoologe Karl von Frisch entdeckte 1923 die Sprache der Bienen, und durch ihn und seine Schüler wissen wir heute, daß die heimkehrende Arbeiterin in ihrem Schwänzeltanz auf der Wabe den Stockbewohnern meldet, daß in einer bestimmten Entfernung und Himmelsrichtung eine bestimmte Honigquelle zu finden ist. Dies geschieht durch die Mitteilung eines bestimmten Geruchs und der eigenen Erregung an die anderen Bienen, ist also weniger einem Gespräch zu vergleichen als der Diffusion eines Stoffes und einer Stimmung an die Umgebung. Der ganze Bienenstaat hält zusammen und handelt gemeinsam infolge solchen *Mit-teilens* und Verteilens von stofflichen (hormonellen) und sinnlichen (nervösen) Kommunikationen.

Bei den höheren Tieren haben die Verhaltenskundler viele solcher Kommunikationssysteme entdeckt, die sie *Stimmfühlungen* nennen. Als Konrad Lorenz für das fehlgeprägte Graugans-Küken Martina zum Mutter-Ersatz geworden war, mußte er auf das ängstlich-gespannte Piepen des Kleinen mit einem ähnlichen Laut antworten, damit die Welt für Martina in Ordnung kam. Wir alle kennen das aufgeregte Stimmchen solcher Küken – ihr *Piep-Piep* heißt »Hier ist ein Küken, das seine Mutter braucht, das sich verlassen fühlt« –, und wir alle wissen auch, wie nicht nur die Glucke mit ihrem Antwortruf, sondern auch die Bäuerin, die beim Futterbringen ihre Pfleglinge mit lautem *Wiele-wiele* ruft, sich erfolgreich in ein Stimmfühlungssystem einschaltet. Bevor eine Gänseherde auffliegt, bevor eine Dohlenschar heimfliegt und bei zahlreichen anderen Gelegenheiten im Gesellschaftsleben der Tiere gibt es diesen Austausch der Stimmungen, bei dem aus der Information über die eigene Stimmungslage zugleich eine Veränderung in der seelischen Situation des anderen werden kann. Denn wenn bei einer solchen laut schnatternden oder zwitschernden Bestandsaufnahme der Stimmungen eine überwiegt, so gibt es bald immer mehr Mitgerissene und Mitläufer, und schließlich geht der Unisono-Chor des *Hier herrscht die Stimmung, aufzufliegen* in die Aktion über, in der nun wirklich die ganze Herde das tut, wonach ihr so einhellig zumute ist.

Die Möglichkeit, mit der eigenen Stimmung am anderen Fühlung zu nehmen, ist entscheidend mehr als Aussenden und Empfangen eines Signals, denn sie setzt einen seelischen Innenraum, eine personale Basis der Gestimmtheit voraus. »Die Stimme zeigt an, was die Seele erleidet«, hatte schon Aristoteles geschrieben. – Dieses Erleiden muß kein Bewußtsein seiner selbst bedeuten, wird in den meisten Fällen noch kein Ich-Gefühl sein, sondern auf der Stufe bleiben, die wir übersetzen könnten: Es ist hier etwas, das eine bestimmte Stimmung hat. Aber in dem Kontakt mit einem anderen, das auch eine Gestimmtheit besitzt, wird dieses andere eindeutig als Abgetrenntes erfahren. Lange vor dem *Ich* entdeckt das *Es* sein Gegenüber, sein *Du*. Erst findet man den Partner, dann – durch ihn – auch sich selbst. So fühlt unsere tastende Hand die Hand des anderen, erfährt aber nicht sofort und in der gleichen Deutlichkeit auch sich selbst als den Tastenden. Selbst im tiefen Schlaf, ohne Bewußtsein, wird ein Kind durch die erfühlbare Nähe der Mutter beruhigt. Stimmfühlung setzt Bewußtsein seiner selbst also nicht voraus, nur bei den höchstentwickelten Tieren dürfen wir es zumindest im Ansatz vermuten.

Das bei Tieren so deutliche Kontaktsystem der Stimmfühlungslaute ist als Grundstruktur auch beim Menschen voll erhalten geblieben, bei uns können aber auch diese Signale einen Symbolwert erlangen und so in den Vorhof der Sprache gelangen. Der Schrei, der Seufzer, die leisen, zärtlichen Laute der liebenden Zuwendung und das drohende Zischen und Knurren gereizter Wut – sie alle gehören als menschliche Stimmfühlungslaute in unser biologisches Verhaltensinventar, und wir wissen angeborenerweise mit ihnen umzugehen. Wir können sie in ihrer biologischen Signalfunktion belassen und so auch als Menschen uns in der rein animalischen Stimmfühlung ohne Worte mitteilen – aber wieviel reicher wird erst der Ausdruck, wenn wir unsere Stimmfühlungslaute in unsere Sprache hereinnehmen, wenn sie unseren Worten unterlegt sind und ihnen die seelischen Farben verleihen, wenn sie zum *Ton* werden, »der die Musik macht«. Verleihen sie der Stimmung eine Stimme, so werden Liebe und Haß, Freundschaft, Verachtung, Leid oder Freude, Gleichgültigkeit oder Engagement in den Worten so deutlich und unmißverständlich, daß wir selbst bei einem Gespräch in unbekannter Sprache erkennen werden, wie der Sprecher sich seelisch zum Angesprochenen stellt.

Das seelische Abtasten des anderen und das Mitteilen seiner eigenen Gestimmtheit sind die Funktionen des Signalsystems der Stimmfühlungslaute und -gesten. *Sprache* aber, in ihrer eigentlichen Form, als Sondermerkmal des Menschen, setzt eine geistige Struktur voraus: einen von Bewußtsein erhellten personalen Innenraum, einen Begriffe bildenden Verstand und eine Möglichkeit, diese Begriffe in Symbole zu übersetzen. Daß wir dies alles können und damit über die tierische Ebene der Kommunikation hinausragen, steht fest. Daß dies alles sich im Verlauf der Evolution allmählich entwickelt haben muß, als unsere Vorfahren vor Jahrmillionen das Tier-Mensch-Übergangsfeld in der Richtung auf uns hin durchstießen, erfordert die Logik unseres naturwissenschaftlichen Weltbildes. Und doch scheint zwischen dem seelischen Stimmfühlen der Tiere und dem, was Wilhelm von Humboldt als das Wesen unserer Sprache begriff, nämlich der »sich ewig wiederholenden Arbeit des Geistes, den artikulierten Laut zum Ausdruck der Gedanken fähig zu machen« (1836), eine grundsätzliche und scharfe Grenze zu liegen. »Ist sie unüberbrückbar«, fragt der Tierpsychologe Otto Koehler (1943), » ... oder kann dieser folgenschwerste aller Gattungsunterschiede ebenso verständlich gemacht werden wie alle übrigen Gattungs- und Art-Unterschiede auch, nämlich durch stammesgeschichtliche Evolution?«

Wir wollen versuchen, diesen Weg der Evolution nachzuzeichnen, auf dem das Umschlagen aus der Quantität der Zeichen in die neue Qualität der Symbole erfolgte und damit aus der Mitteilung die Sprache wurde. Dabei können wir für die Sprache ein Modell benutzen, das selbst eine evolutive *Arbeit des Geistes* darstellt, eine Konstruktion menschlicher Erfindungskraft ist und auf dem Weg zur maschinellen Vervollkommnung vor der Notwendigkeit stand, alle Voraussetzungen für Sprache technisch darzustellen. Die Computer oder *Elektronengehirne,* wie man sie früher recht treffend bezeichnete, haben ja wirklich etwas zu leisten, das unserem Denken und Sprechen zumindest in der Grundstruktur ähnlich ist: die sich wiederholende Arbeit, ihre artikulierten Zeichen (Elemente der Schreibgeräte oder Bildschirme) zum Ausdruck ihrer kombinatorischen Leistungen fähig zu machen, das heißt, in Ton, Bild oder Schrift übersetzt auszudrücken, was in ihnen als Ergebnis der an den eingegebenen Daten durchgeführten Rechenoperationen angefallen ist. Die technischen Voraussetzungen für solche Leistungen sind in gewissem Umfang zwangsläufig, sie sind daher auch in unserem Gehirn in vergleichbarer Weise angelegt, wie ja auch Kugelgelenk und Scharnier für bestimmte Bewegungen in unserem Körper nicht anders konstruiert sind als in technischen Apparaten. Für die Erreichung der meisten Ziele gibt es einen bevorzugten, nämlich optimalen Weg, und die Auslese der optimalen Leistung in der Evolution der Lebewesen erzwingt ihn dort ebenso, wie er in der Technik durch die Erfordernisse des Wettbewerbs von den Konstrukteuren erzwungen wird. Das zeigt sich heute deutlich daran, daß viele Einblicke der Wissenschaft in die biologischen Regelkreise, in die kybernetischen Strukturen, an der sinnvollen Konstruktion von Maschinen gewonnen wurden. Diese Einsichten in Konstruktionsprinzipien werden zugleich verwendbar für das Verständnis der Vorgänge in den Gehirnen der Konstrukteure, die hinter diesen Apparaten stehen.

Gehen wir also von einem Computer aus, um die Leistungen unseres Gehirns beim Sprechen näher zu analysieren. Es sind in beiden Fällen zwei Voraussetzungen nötig, die getrennt voneinander betrachtet werden können. Die Computer-Techniker sprechen von *hard-ware* und *soft-ware* oder vom eigentlichen maschinellen Apparat und vom Programm. Der *Apparat* setzt mit seiner Größe und Kapazität die absoluten Grenzen für jede mögliche Leistung: die Aufnahmefähigkeit der Speicher, die Geschwindigkeit der Rechenoperationen, die Möglichkeiten der kombinatorischen Verbindung, die Schaltungen und viele andere technische Details bilden die Gesamtmasse der Transistoren,

Drähte und Speicher der elektronischen und mechanischen Ausrüstung eines Computers. Sie sind die eigentliche Datenverarbeitungsmaschine, die man wie jede andere Maschine aufstellen, in Betrieb setzen und bis an die Grenze der Leistungsfähigkeit benutzen kann. Das *Programm* dagegen ist eine informatorische Hilfsapparatur – meist auf Lochkarten oder Magnetband verzeichnet –, die nun dieser Maschine mitteilt, was sie tun soll mit den Daten, und die ihr dadurch erst den praktischen Wert verleiht. Das Programm ist also der entscheidende Teil, mit einem guten Programm kann sogar eine schwache Maschine noch mehr leisten als ein Riesencomputer mit einem schwachen Programm. Die »weiche Ware«, das Programm, ist daher heute längst das Kostbarste am Computer geworden; keine Firma liefert mehr eine nackte *tabula rasa,* sondern zahlreiche Befehle und Einzelprogramme sind bereits fest eingearbeitet. Gewisse Maschinensprachen versteht ein solcher Computer schon bei der Lieferung, und das industrielle Traumziel ist ein Roboter, der Befehle in unserer Sprache versteht.

Was unser eigenes Gehirn fühlend, denkend und sprechend leistet, ist in entscheidenden Dingen wesentlich *mehr,* als die besten Computer können: Um alle kombinatorischen und gedächtnismäßigen Leistungen eines Menschenhirns nachzuahmen, würde man heute noch eine Batterie von Computern brauchen, die Wolkenkratzerhöhe hätte, aber in manchen Grundfunktionen wie Speichern, Zählen und Abrufen sind selbst kleine Tischcomputer uns tausendfach überlegen in Geschwindigkeit und Zuverlässigkeit. Liegt das am Programm oder am Apparat selbst? Soviel ist sicher: Für ein Programm von einer gewissen Kompliziertheit ist ein ausreichend hochentwickelter Apparat unbedingte Voraussetzung.

Da unsere Sprache ein Programm von kaum vorstellbarer Kompliziertheit besitzt, kam es also im Verlauf der Evolution vor allem darauf an, daß sich die *hard-ware,* die physiologische Grundstruktur des Gehirns, ausreichend entwickelte. Die Hirnentwicklung ist also die Voraussetzung dafür, daß aus unseren Vorfahren der sprechende Mensch werden konnte. Daß sich gerade das Gehirn in unserer Ahnenreihe unverhältnismäßig schnell vergrößert hat, zeigen die Schädelreste unserer fossilen Vorformen deutlich: 300 bis 600 Kubikzentimeter war das Gehirnvolumen der Australopithecinen vor 2 Millionen Jahren, etwa 700 hatte der Homo habilis, 800 der Oldoway-Mensch, 900 der Pithecanthropus, 1000–1200 der Sinathropus, 1300 der

Swanscombe-Mensch und mehr als 1400 der Neandertaler. Das Gehirnvolumen des heutigen Menschen liegt bei 1500 Kubikzentimetern.

Wie kam es aber zu einer solchen rasanten Größenzunahme in so kurzer Zeit? Die normalen Evolutionsmechanismen von Mutation und Selektion können als Erklärung nicht ausreichen für diese fast explosive Entwicklung der »hard-ware«, die im Verlauf einiger hunderttausend Generationen die Zahl unserer Schaltzellen im Gehirn verdoppelte und auf die gigantische Summe von 12 bis 14 Milliarden Neuronen brachte. Natürlich wird dabei eine ganz normale Selektion beteiligt sein – auch ein Eichhörnchen hat ein Gehirn, das etwa doppelt so groß ist wie das einer gleich großen Ratte; es muß im Verlauf von 40 bis 60 Millionen Jahren erworben worden sein, weil die Anforderung an die Beweglichkeit der Hände und das räumliche Vorstellungsvermögen, das zum Sprung durch die Äste gehört, ohne ein entsprechendes Gehirn nicht zu leisten sind. Beim Vormenschen hat der aufrechte Gang und die für Werkzeuggebrauch frei werdende Hand ebenfalls die mutativ angebotene größere Gehirnmasse gefördert und ausgelesen, aber dann kam die entscheidende Steigerung im Tempo der Weiterentwicklung, als mit der Herstellung von Werkzeugen und mit deren sinnvoller Abwandlung die selektive Auswirkung einer gesteigerten Hirnleistung als Intuition an die Stelle der Mutation trat und die kulturelle Tradition an die Stelle der genetischen.

Der Mensch nahm damit im wahren Sinne des Wortes seine Weiterentwicklung selbst in die Hand: bessere Motorik der Hand, bessere Speicherung der Information, bessere Kombination der Erfahrungen und bessere Möglichkeit ihrer Weitergabe an die Stammesgenossen münzten sich unmittelbar für das Individuum und seine Gruppe als Selektionsvorteil aus. Nicht statistisch, sondern in jedem Einzelfall manifestierte sich eine verbesserte Leistungsfähigkeit des Gehirns sofort als deutlich vergrößerte Überlebenschance. Und immer weiter steigert sich dieser Prozeß, denn jede Kombinatorik läßt sich überbieten zu einer noch weitergreifenden, noch schnelleren, noch intelligenteren Lösung. Die Fähigkeit der Neuronen des Vorderhirns, Querverbindungen untereinander herzustellen und zu intelligenten Verstandesleistungen vorzustoßen, muß sich dabei schließlich so weit gesteigert haben, daß über dem Programm der Aussendung und Aufnahme von Signalen und Zeichen auch ein begriffsbildendes Programm sich entwickelte, das nach seinem adäquaten

Ausdrucksmittel, nach dem Wort verlangte und diese Wörter formte.

Computerfachleute haben eine Schätzung angestellt, wie viele Neuronen im Gehirn nötig sind, damit ausreichende Schaltstellen, Speicherkapazitäten und Zwischenverarbeitungsanlagen für eine echte Sprache bereitstehen. Sie kamen dabei auf ein Gehirnvolumen von etwa 900 Kubikzentimetern, unter dem eine solche Leistung auch mit dem besten Programm nicht möglich wäre. Wir können daher annehmen, daß frühestens der Homo erectus (in Oldoway, Java, Peking) vor etwa einer halben Jahrmillion die ausreichende nervöse Grundlage für eine Sprache besaß.

Auch andere mechanische Strukturen, außerhalb des Gehirns allerdings, müssen zur Sprache bereitstehen, auch die »Ausgabe« der Ergebnisse muß im Computer maschinell geleistet werden. Unsere Sprache wird vom Kehlkopf und Mund geformt, und tatsächlich hat Adolf Portmann nachgewiesen, daß der Kehlkopf der heutigen Menschenaffen gar nicht zur artikulierten Lautbildung geeignet ist, ebensowenig aber der eines menschlichen Säuglings. Unsere frühkindlichen Lall-Monologe sind also nicht nur ein Mangel an »Genie« – was hier heißen soll: an Programm und Daten –, sondern auch an Apparat. Erst nach einem Jahr wandert unser Kehlkopf in eine Lage, in der Sprechen für ihn möglich wird.

Wie steht es nun aber mit dem Programm in unserem Zentralnervensystem? Es scheint, daß hier bereits sehr viel erblich Gebahntes sozusagen einprogrammiert mitgeliefert wird, denn die *Formen möglicher Erfahrung*, von denen früher die Rede war, also die Schemata des Urteilens und Vorstellungsvermögens, die Kategorien des Denkens und der logisch zwingenden Einsichten, sind solche vorfabrizierten Leistungsmöglichkeiten unseres Gehirns. In dieser Sicht löst sich das alte Problem der Sprachforscher, warum die Menschen eine angeborene Form der Sprachmöglichkeit und des Sprachverständnisses mitbringen, warum man sozusagen das Gerüst einer allgemein-menschlichen Grammatik besitzt, in das die Vokabeln und Formeln einer Sprache dann in einem Lernprozeß eingefüllt werden können. Dieses entscheidend wichtige Sprachzentrum liegt bei uns in der sogenannten Brocaschen Region des Vorderhirns, also in dem Teil unseres Zentralnervensystems, der die größte Ausweitung im Verlauf der Evolution erfuhr. Daß hier im Stirnhirn der Gattung Homo etwas ganz anderes angelegt ist als bei Tieren, zeigt sich darin, daß der artspezifische Gesang oder Ruf der Vögel seinen

Sitz viel weiter hinten, nämlich im Mittelhirn hat, wie man kürzlich zeigen konnte, als man Wachteln durch elektrische Reizung dieser Hirnpartien zu ihrem Ruf veranlaßte. Nur in der Stirnpartie des menschlichen Vorderhirns konnte die notwendige Menge von Schaltstellen für das Programm bereitgestellt werden, das zur echten Sprache führt. Hier, in dem angeborenen Denk- und Sprech-Programm, löst sich das Herdersche Paradoxon von der Menschlichkeit, die erst in dem Augenblick beginnen kann, wo sie bereits vorhanden ist: Nur ein Gehirn, das ein Sprechzentrum besitzt, kann durch Eingabe der Daten eines konkreten Vokabulars zur Leistung des Sprechens kommen. Für das Sprechvermögen gilt also das alte paradoxe Wort Fausts: »Was du ererbt von deinen Vätern hast, erwirb es, um es zu besitzen«.

Fragen wir schließlich nach den *Daten*, die allein ein solches Programm mit Inhalt füllen und zur Aktion bringen können, nach den Wörtern. *Artikulierte Laute*, wie Humboldt sie nannte, brauchen es nicht einmal zu sein, denn sprachliche Verständigung ist auch ohne Akustik möglich. Die Formeln und Ziffern der Mathematik sind solche Symbole, die Wortfunktionen tragen können, und auch die Schrift – nicht nur die der Chinesen, sondern ebenso jede Buchstabenschrift – ist eine Zeichensprache, in der die akustischen Symbole für die gemeinten Begriffe in optische Symbole umgesetzt sind. Wenn die Lautgebung ausfällt, wie bei den Taubstummen, kann eine Sprache der Gestik das Wort ersetzen, und diese Gesten kann auch ein Tier von uns erlernen. Das Professorenehepaar Gardener in Nevada zog das Schimpansenkind Washoe mit der amerikanischen Taubstummensprache auf. Nach 21 Monaten beherrschte die Schimpansin 34 Zeichen der menschlichen Gebärdensprache; die Versuche laufen weiter, und wir dürfen erwarten, daß erste Ansätze einer einfachen sprachlichen Verständigung in dieser Gestik auftreten werden, denn Washoe leistete bereits Vorstufen eines Erfassens von Symbolen. Das Zeichen für »Hund« verwendete sie zuletzt für alle Hunde, auch für Bilder von Hunden und sogar für das Geräusch des Bellens. Das ist zweifellos die höchste intelligente Leistung, die bisher bei einem Tier beobachtet wurde, und sie führt in den Vorhof der echten Sprache, viel weiter als alle bisherigen Versuche, den Affen die Wörter der menschlichen Sprache nahezubringen: mehr als ein undeutliches *Papa* und *Mama* für die Pflegepersonen und alles, was mit ihnen zusammenhing, war dabei nicht zu erreichen. Und auch die anfänglich sensationellen Hoffnungen auf eine sprachliche Verständigung mit den Delphinen, wie sie vor allem John C. Lilly in Amerika versuchte, sind heute wieder sehr gedämpft.

Für den Menschen, der die Hand nicht immer für eine Gestik der Verständigung frei hatte, seit seine Vorfahren ihre selbsthergestellten Geräte mit sich trugen, wurden die Stimmbänder des Kehlkopfes zu dem modulationsfähigen Organ, das die artikulierten Laute hervorbringen konnte, die zu Symbolen wurden und so als Daten in das langsam immer leistungsfähiger werdende Programm unseres Sprachzentrums eingegeben werden konnten. Wie kam es zu diesen Lauten, die mehr sind als Stimmfühlung, die nichts zu tun haben mit dem Vogelruf oder mit den 26 Lauttypen, die der Zoologe Winter im neuesten Wörterbuch der Totenkopfaffen unterscheidet, also im Verzeichnis äffischer Stimmfühlungslaute? Wie kommt es zu unserem Wörterbuch, und warum herrscht hier der babylonische Fluch der Sprachverwirrung tausend verschiedener Wörterbücher? Gibt es eine Ursprache der Menschen, von der sich alle späteren abzweigten?

Diese Frage ist so alt, daß die erste Antwort schon im alten Ägypten gegeben wurde, wo ein Pharao als Experiment zwei Kinder aussetzen und in absolut stummer Umgebung groß werden ließ, um zu sehen, welches ihre angeborene Ursprache wäre. Es gibt keine solche angeborene Sprache, wie wir heute wissen, wenn auch die Ägypter glaubten, im Stammeln und Lallen dieser Kinder phönizische Wörter zu erkennen. Die Sprachforscher haben allerdings eine Möglichkeit, die Frage nach dem Ursprung der Wörter, und damit der unterschiedlichen Sprachen, zu prüfen, denn diese Wörter stammen voneinander ab, haben sich im Wandel auseinander entwickelt und geben uns damit die Möglichkeit, ihre Herkunft aus der vergleichenden Betrachtung zu erschließen. So wie die Lebewesen nicht unveränderlich sind, sondern sich wandeln und ihre Verwandtschaft dem Kundigen durch gemeinsame Merkmale aufzeigen, wobei auch die Fossilien ausgestorbener Vorfahren das Bild ergänzen, gibt es auch bei den Wörtern Verwandtschaften, gibt es Wortähnlichkeiten, die sich aus den Gesetzen des Lautwandels ableiten lassen, und es gibt Sprachfossilien, versteinerte Sprachen, die uns durch Aufzeichnungen überkommen sind. So ist tatsächlich die Methode der vergleichenden Zoologie zur Ermittlung tierischer Verwandtschaften und die der Etymologie der Sprachverwandtschaften ganz ähnlich – in beiden Fällen erschließt man durch

Vergleich der gegenwärtigen Situation die vorangegangenen Stadien der Vergangenheit.

Ein wichtiger Unterschied allerdings fällt dabei sofort ins Auge: Vorfahrenformen im Tierreich, das sehen wir an unseren eigenen Ahnen, sind meist weniger hoch entwickelt, sind primitiver, in entscheidenden Merkmalen einfacher gestaltet. Bei den Sprachen scheint es umgekehrt zu sein: das Althochdeutsche ist lautlich bunter, treffsicherer und grammatisch komplizierter als das Neuhochdeutsche; Abschleifungen und Vereinfachungen scheinen das Wesen des Wandels der alten Sprachen zu ihren modernen Nachfolgesprachen zu sein. Aber das liegt wohl an einer Verlegung wesentlicher Erkennungsprozesse aus den Wörtern in die Denkstruktur des Gehirns, ist ein nachträgliches Diffuswerden der Daten – eine Erhöhung ihrer Redundanz – auf Kosten eines leistungsfähigeren Programms. Bei Steigerung dieses Prozesses kann es schließlich zu einer Abschleifung und Unschärfe kommen, die das Einzelwort kaum noch als treffend und begrifflich artikuliert erscheinen läßt. Wenn wir hören, daß im Chinesischen das Wort *Mu* etwa 40 verschiedene Begriffe symbolisieren kann – es bedeutet z.B. bei gleicher Betonung sowohl *Holz* wie *Regen, Klee, Enten, Molybdän, die Augen, sich waschen, friedlich* und *feierlich* –, so wird klar, daß hier der Laut als Bedeutungsträger nur noch einen bescheidenen Anteil am Erkennungsprozeß hat und daß erst aus der Hochleistungskombinatorik eines gesteigerten Denk- und Sprech-Programms der gemeinte Symbolwert des Wortes indirekt erschlossen wird.

Doch sehen wir von diesem Endprozeß der Entwicklung ab, so sind wir vor Erreichung solcher Altersstadien bei den Lebewesen wie bei den Sprachen in einem Feld gerichteter Differenzierung und zunehmender Eigenentwicklung, die eine Rückverfolgung zu den ursprünglichen Ausgangsstadien möglich macht. Daß unser Wort *Fenster* aus dem lateinischen *fenestra* wurde, wissen wir ebenso eindeutig wie die Abstammung unseres Wortes *Auge* vom althochdeutschen *ouga*. Die Vorstadien sind hier noch belegbar mit den Fossilien der erhaltenen lateinischen und germanischen Sprachreste. Aber auch die Rückverfolgung weit hinter die Grenze schriftlicher Überlieferung ist möglich, wie sie erstmals 1850 von Karl Bopp in seiner ›Vergleichenden Grammatik‹ versucht wurde und wie das Wörterbuch der indo-europäischen Ursprache beweist, ein Katalog theoretisch erschlossener Wort-Vorfahren der heutigen indo-europäischen Sprachfamilien, also der indischen, slawischen, germanischen, italischen, romanischen, baltischen und anderer Sprachgruppen. Da ergibt sich dann z. B. als gemeinsame Wurzel für das deutsche Wort *Hund*, das lateinische *canis* und das griechische *kynos* ein indo-europäisches Urwort *kuon*.

Und wie sprach der Cro-Magnon, der Mensch der Eiszeit, der längst vor der Aufspaltung in indo-europäische und andere Rassen ganz an der Basis unserer Sprachentwicklung steht? Gibt es nach der gleichen Methode einen Weg zur Ur-Sprache der Menschheit, deren Reste sich in *allen* heutigen Sprachen noch erkennen ließen? Ein Versuch in dieser Richtung ist von Richard Fester 1962 vorgenommen worden. In derselben Weise, wie die vergleichende Anatomie der Wirbeltiere schon seit Goethes Zeit den Urtyp der Vertebraten herausschälte und wie auch heute die Zoologen die hypothetischen Ahnenformen einzelner Tiergruppen erschließen, gelang es Fester, alle Sprachen der Erde bis zu sechs gemeinsamen Urtypen artikulierter Laute zurückzuverfolgen. Jeder dieser Laute – *Ba, Kall, Tal, Os, Acq, Tag* – hat sich nach den Gesetzen des Lautwandels vielfach abgewandelt, bleibt aber für den Fachmann noch erkennbar in der Gestalt, die er in den verschiedensten Wörtern der heutigen Sprachen angenommen hat. Auch bei diesen Urlauten ist die Weitschweifigkeit und Unschärfe der Bedeutung groß, aber hier, am Anfang der Sprachentwicklung, ist es – anders als bei heutigen chinesischen Wörtern – noch eine primäre Ungenauigkeit, die sich erst im Verlauf der Sprach- und Denkentwicklung unseres Geistes zur heutigen Form der Einzelwörter und Einzelsprachen präzisierte. So heißt es bei Fester z. B.: »*Kall* – ist jede *Vertiefung*, jeder *Hohlraum*, jede *Wölbung*, jeder enge *Durchlaß: Schale, Kehle, Höhle, Wohnstatt, Kulthöhle*, später: *Tempel*, der *Quell* und das *Tal* wie der *Paß*, der die *Höhe* überwindet. Vor allem aber ist es der mütterliche *Leib*, die *Geburt* und das *Kind*, die *Sippe*, der *Clan, Volk, Tier* und *Fruchtbarkeit* ...«

Wenn aus dem Symbol *Kall* also im Verlauf der Sprachgeschichte alle die Begriffe differenziert werden sollten, die wir eben aufgezählt haben, dann setzt das eine Weiterentwicklung des begrifflichen Denkens voraus. Zunehmende Gehirnentwicklung machte spezifischere, schärfere Denkprogramme möglich, und dort, wo sich aus dieser Grundlage ein Begriff in zwei Begriffe ausdifferenziert, wird dann der Bedarf nach zwei neuen Wortsymbolen auftreten, das heißt: die Notwendigkeit, den neuerkannten Dingen neue Namen zu geben. Wer schärfer denken kann, hat mehr Begriffe, wer nicht nur *Kall*, sondern genauer

Tal und *Paß*, *Höhle* und *Schale* unterscheiden lernt, braucht dafür auch mehr Wörter in seiner Sprache und kann sich dann damit dem Nachbarn eindeutiger mitteilen. Das aber bedeutet einen Vorteil in der Evolution, eine vergrößerte Chance der Gruppe, zu überleben und in der Auseinandersetzung mit anderen Gruppen zu siegen – und so wird die evolutive Höhe des Menschen an der begrifflichen Differenzierung seiner Sprache ablesbar. Wer dreißig verschiedene Baumarten und fünfzig Tierarten unterscheiden und bei Namen nennen kann, der ist auch ein besserer Jäger als der, der nur zehn Begriffe kennt, er hat größeren Erfolg bei allen Phasen der Jagd, in denen es auf Verständigung mit dem Nachbarn ankommt. An der Größe des Wortschatzes ist also der Umfang der möglichen differenzierenden Verstandesleistungen ablesbar, und wir dürfen sicher sein, daß aus Festers sechs Urworten des Eiszeitmenschen sehr bald schon einige hundert Wörter wurden.

Viel mehr aber zunächst wohl kaum, denn noch heute kommen primitive Naturvölker und sehr schlichte Individuen aus unserem Kulturraum mit einigen Hundert Wörtern aus. Küppers ›Wörterbuch der deutschen Umgangssprache‹ (1955) zählt etwa 6000, Goethes Sprachschatz dagegen betrug etwa 30000 Wörter. In der modernen, hochtechnisierten Welt mit ihren zahlreichen Fachausdrücken, mit Entlehnungen aus Nachbarsprachen, die der Gebildete so gerne vornimmt, mit ständigen Neuschöpfungen von Namen für neue Produkte, mit Abkürzungen und Fachjargon kommt ein Wörterbuch der deutschen *Hochsprache* – Mackensen 1954 – auf mehr als 100000 Wörter. Wir verdanken der entsagungsvollen Zählarbeit des Sprachforschers H. Meier (1969) eine genaue Aufstellung der Häufigkeit dieser Wörter unserer Sprache und wissen daher, daß im Deutschen aus der riesigen Menge von mehr als einer Viertelmillion Wortformen, die er aus einem Text von 10 Millionen Wörtern ermittelte, die Hälfte aller gesprochenen und geschriebenen Sprachtexte von nur 200 Wörtern gestellt wird. 40000 Wörter machen dann weitere 46% der Häufigkeit aus, und die restlichen 200000 Wörter kommen äußerst selten – meist nur einmal im Text von 10 Millionen Wörtern – vor.

Einige Hundert Wörter machen also in allen Kulturen den eigentlichen Kern der Sprache als artikulierte Lautfolge aus, bilden das Kommunikationssystem, das ein Merkmal unserer Art ist. Wie man in der modernen Zoologie die Art als den Diffusionsraum gleicher Gene definiert, können wir die Menschengruppen gemeinsamer Sprache als die geistigen Diffusionsräume gleicher Wörter bezeichnen. Auch die Rassenbildung, die bei den Lebewesen aus einer Art schließlich mehrere, voneinander abgetrennte Arten macht, zwischen denen dann genetische Beziehungen nicht mehr möglich sind, hat ihre Parallele in der Sprachentwicklung: Die Dialekte bilden völkische Sprachgruppen, die sich auseinanderentwickeln können bis zu dem Punkt, wo ein sprachliches Verstehen, eine freie Diffusion der Wörter, nicht mehr möglich ist, weil eigene Sprachen entstanden sind.

Aber dieses Kommunikationssystem der Verständigung über gemeinsame Begriffe, obwohl es so weit über den animalisch-seelischen Kontakt der Stimmfühlungen hinausgewachsen ist, bildet doch nur die biologische Stufe der menschlichen Sprache, gehört zur Zoologie des Menschen. Sprache aber ist mehr! Wir alle wissen, daß unser Sprechen uns nicht nur in den geistigen Diffusionsraum unserer Sprache einbringt, weil wir im Sprechen zu einem Teil dieses Raumes werden, sondern daß es auch eine persönliche Sprache gibt, einen Sprachduktus, einen Stil, der den einzelnen unverkennbar macht. Welche Wörter aus dem riesigen Vorrat ausgesucht, in einem bestimmten Moment mit bestimmter Betonung und in bestimmtem Zusammenhang benutzt werden, das ist ein Merkmal, in dem sich die Persönlichkeit des einzelnen wie fast nirgends sonst deutlich macht. Die Grammatik unserer Sprache, die Formeln und Floskeln des täglichen Umgangs zu kennen, ist Voraussetzung für ihre Beherrschung, für die Zugehörigkeit zur Sprachgemeinschaft. Aber in dem Bemühen, allgemeine Formeln zu vermeiden, das Einmalige, das Noch-nie-so-Gesagte zu artikulieren, in Scherz und Ironie, in tiefer, hintergründiger Mehrdeutigkeit, in der ganz persönlichen Formulierung, gewinnt der einzelne die Möglichkeit, mit seiner Sprache geistig-schöpferisch zu werden. Sein Ausspruch kann zum »Wort« werden, zu einem Zitat, zum unverlierbaren Bestand einer Gemeinschaft. Über dem biologischen Raum der Sprache als Verständigungsmittel entsteht so der geistige Raum der Sprache als *Kultur*.

Sprache kann Dichtung sein, kann zum Lied werden, in dem zwar auch Stimmfühlung und Mitteilung liegen, aber dazu das Einmalige, Unverlierbare tritt, das Baustein wird in einem rein geistigen Gebäude, das sich weit über die Zoologie des Menschen erhebt und den Menschen erst eigentlich und in seiner vollen Gestalt sichtbar werden läßt. »Der Mensch ist von Natur ein Kulturwesen«, sagt Arnold Gehlen, und in der Sprache wird diese Eigenart deutlicher als irgendwo sonst. Im Menschen wächst die Sprache, so deutlich ihre biologischen Wurzeln auch sein mögen, über alle Biologie hinaus und wird so zu einem Hinweis auf ihn selbst, der mehr ist als seine Biologie, der einen geistigen Wurzelgrund ahnen läßt. Hier bleibt ein Rätsel, geheimnisvoll wie alles Ursprüngliche, wo es sich in reiner Form zeigt. Hölderlin fühlte es und gab ihm sprachlichen Ausdruck:

> Ein Rätsel ist Reinentsprungenes, auch
> der Gesang kaum darf es enthüllen.

Der nackte Affe und die Scham

Aufrechter Gang, die Sprache und einsichtiges Handeln sind die drei Wesensmerkmale des Menschen, die sich in zoologischer Sicht als wichtigste Unterschiede zu seinen tierischen Verwandten ergaben. Wir haben über die Aufrichtung des Körpers, ihre Voraussetzungen und ihre Folgen gesprochen, und wir haben die Sprache in ihrer Schichtenfolge aus Signal, Stimmfühlung und Begriffs-Verständigung verfolgt. Was zu tun bleibt, um zu einem abgerundeten Bild des Menschen zu gelangen, ist eine naturwissenschaftlich begründete Betrachtung und Untersuchung seines Handelns. Ist es wirklich einsichtig in seinen Zielen? Oder können wir wenigstens Einsicht gewinnen in die Grundlagen und Ursachen unseres Handelns? Jeder Versuch der Selbsterkenntnis verfolgt diese Absicht, und wir alle wissen, daß sich bei solchem Versuch physiologische Antriebsstrukturen und psychologische Zwänge aufdecken lassen, die das Gefühl des *freien,* nur durch Einsicht gesteuerten Handelns fragwürdig machen, ja als Illusion erscheinen lassen. Gibt es einen freien Willen, der sich an nichts Geringerem als an den Einsichten orientiert, und liegt hier der eigentliche Unterschied zum Tier, das keinen freien Willen hat, sondern von seinen Trieben und Instinkten gesteuert wird?

Es ist eine alte Frage der Philosophie, die hier vor uns steht. Sie klang schon in den Seelenstufen des Aristoteles auf, in Thomas' Unterscheidung der Menschenseele von der Tierseele und in allen zahllosen Diskussionen über Willensfreiheit, die dazwischenlagen und danach folgten. Sie gelangten eben darum nicht zu einer befriedigenden Entscheidung, weil mit der Alternative des Entweder-Oder der Weg zur Wirklichkeit des Sowohl-Als-auch versperrt wurde. Mit Freuds Entdeckung der Triebe – also des nach bisheriger Sicht echt Tierischen und gänzlich Unfreien – im Menschen wurde erst die Bahn geebnet für eine unbefangene naturwissenschaftliche Bestandsaufnahme der Ursachen und Voraussetzungen unseres Handelns. Mit ihm beginnt auch auf diesem Gebiet eine Zoologie des Menschen, nämlich die Möglichkeit, unser eigenes Verhalten dadurch zu verstehen, daß wir es mit dem der uns verwandten Tiere vergleichen.

Dabei ist es freilich auch Sigmund Freud nicht anders ergangen als den meisten großen Pionieren und Entdeckern: das Neue wird nicht immer gleich richtig erkannt. Als Kolumbus das so lange von ihm erhoffte Land auf neuem Wege endlich sichtete und betrat, da meinte er, Indien gefunden zu haben, aber es war die kleine vorgelagerte Insel eines ganz anderen Landes, weiter von Indien entfernt als alle damals bekannten Teile der Erde. Und doch liegt in seinem Irrtum die große Tat der Entdeckung Amerikas, der Neuen Welt. So nimmt auch Freud bei der Entdeckung der Triebstrukturen des Menschen einen Teil für das Ganze und irrt sich dabei zugleich über dieses Ganze, dem er dadurch ferner steht als je ein Naturforscher vor ihm. Denn Sexualität ist nicht das Ganze des menschlichen Seelengrundes, sondern nur ein Teil, und *Libido* – Streben nach geschlechtlichem Lustgewinn – ist nicht die richtige Erklärung für das Grundmotiv unseres Handelns. Und daher trägt der »nackte Affe«, wie er heute durch den Blätterwald unserer illustrierten Zeitungen turnt und zum Bestseller unter den modernen Sachbüchern wurde, nicht den richtigen Namen für den Menschen, sondern die Wünsche und Bedürfnisse dessen, der uns in diesem Bild erkennen will, entfernen ihn weiter von der Erkenntnis des eigentlich Menschlichen, als man je vorher abirrte. Doch gilt auch hier und bei allem Irrtum: Amerika ist entdeckt, das Land der Triebe wird für die Wissenschaft vom Menschen die neue Welt, die nun mit hereingenommen werden muß in den *orbis terrestris* unserer Seele, die ihre Schätze mit einbringt und so das Ganze größer und reicher macht.

Als Freud die Grundtendenz unseres Trieblebens in der Sexualität erfassen wollte und allenfalls Partialtriebe innerhalb dieser Generalrichtung anerkannte, folgte auf die Entmythologisierung des seelischen Menschenbildes sofort eine neue Verkleidung des eben Enthüllten und Freigelegten. Es war nur konsequent, wenn schließlich Desmond Morris in der Nacktheit, also im Präsentieren sexueller Signale und Auslöser, das eigentliche Kleid des Menschen erkennen wollte. Wenn andererseits Alfred Adler in Abkehrung von Freud diesen einen Trieb am Grunde unseres Handelns als Machttrieb, Aggression, Herrschaftsbedürfnis erklärte, so führte dies ebenfalls zu einem einseitig überzeichneten Menschenbild, das man als das des *starken Affen* bezeichnen könnte. Im Grunde sind beide Generalisierungen zu grob und gefährden dadurch den Gewinn, der eigentlich in der Entdekkung der menschlichen Triebstrukturen lag: Sie setzen eine neue Ideologie an die Stelle der überwundenen, sie zerstören den unbefangenen Zugang zur Vielseitigkeit der freigelegten Ordnung durch die Befangenheit in der einseitigen Deutung.

Denn ebenso wie man der reichen Vielfalt der tierischen Lebensformen nicht gerecht wird, sondern in die Gefahrenzone einer Ideologisierung gerät, wenn man von *dem Tier* spricht, so kann auch der Vielfalt unserer Triebstrukturen eine Generalisierung zu *dem Trieb* nicht genügen. Es bietet zwar, wie wir schon sahen, die »Anatomie der Seele« grundsätzlich die Schwierigkeit, nach einer Struktur im Dimensionslosen zu suchen, also räumliche Grenzen durch das Unräumliche zu ziehen, aber man kann dieser Notwendigkeit unseres Begriffsbildungsvermögens nicht dadurch entgehen, daß man auf Grenzen ganz verzichtet. So haben die Nachfolger Freuds, die psychologischen und psychotherapeutischen Schulen der Neo-Freudianer, vor allem um Schultz-Hencke, bald einen wesentlich praktikableren Ansatz gefunden, unsere Antriebsstrukturen nach Qualitäten zu gliedern. Sie sprechen im wesentlichen von *vier* Trieb-Bereichen, die nebeneinander oder in wechselseitiger Verbindung miteinander die biologischen Anlässe und ersten Anstöße unseres Handelns sind: dem oral-kaptativen (dem nach Sättigung und Besitz strebenden), dem intentionalen (der neugierig-forschenden Umweltbewältigung), dem Aggressionstrieb und schließlich, im Verlauf unserer Entwicklung zuletzt erst zutage tretend, dem Geschlechtstrieb. Daß diese vier Triebe auch bei den höheren Tieren in durchaus vergleichbarer Weise sichtbar werden, sich bei gestörter Entwicklung sogar in identischen Formen krankhaften Verhaltens äußern können, hat erst vor kurzem die Psychologin Christa Meves entdeckt.

Ob es diese Triebe *wirklich* gibt, ob also vier – nicht drei und nicht sechs oder gar zwanzig – unabhängige Seelenorgane in uns so eindeutig lokalisierbar sind wie die Organe unseres Körpers, muß eine offene Frage bleiben. Nehmen wir den handelnden Organismus als körperlich-seelische Ganzheit, so müssen wir die Frage letztlich sogar verneinen. Aber es kann hier, im Dimensionslosen, nur um das heuristische Prinzip der angemessenen und zutreffenden Chiffre, um die richtige Begriffsbildung gehen, nicht um ein *Ding an sich*. Daß diese Einteilung wirksam ist, d. h. sich sowohl in der Erkenntnis von Zusammenhängen und ihrer Beschreibung wie auch in ihrer Veränderung durch Eingriff, nämlich durch Psychotherapie, bewährt, erweist sie als wirklich. Man kann diesen Vorbehalt des nur Heuristischen im Auge behalten und die Triebe betrachten als an der Wirklichkeit bewährte Erklärungsprinzipien für biologische Ursache-Wirkung-Gefüge unseres Handelns. So spricht tatsächlich die Schultz-

Hencke-Schule der Psychologie nicht von Trieben, sondern nur von unserem *Antriebs-Erleben,* und so spricht die moderne Tierpsychologie nur vom objektiv zu beobachtenden *Verhalten* der Lebewesen. Mag also ein Trieb dahinter stecken und ein Instinkt, eine Entelechie oder ein Archäus, eine DNS-Kette, ein Programm, ein Naturgesetz oder göttliches Wirken – in der Gewißheit, daß *alle* Begriffe und Symbole unseres Urteilsvermögens nur die Bilder sind, die unsere Gehirnstruktur von der Wirklichkeit malt, können wir feststellen, daß *wir* diese Wirklichkeit als Antriebe erleben, als aus der Tiefe unserer selbst andrängende biologische Zwänge, und daß es daher naturwissenschaftlich sinnvoll und zweckmäßig ist, sie als solche zu untersuchen.

In diesem Sinne wollen wir hier den letzten der erwähnten vier Grundtriebe, den Geschlechtstrieb, zoologisch betrachten, denn gerade er – so sah es Freud, und so signalisiert es unser journalistischer Titel als *nackter Affe* – scheint der Schlüssel zum Menschen zu sein. Wir betreten damit ein weites Feld, denn das menschliche Liebesleben enthält den Sexus und enthält den Eros. Ein riesiger Bogen spannt sich zwischen diesen beiden Polen: der Sexus galt ganzen Zeitaltern als Inbegriff des Tierischen, des Unreinen, ja des Satanischen und Bösen, der Eros aber in seiner reinen, und das hieß: unsexuellen Form, als Inbegriff des Edlen, des Guten, Göttlichen, ja als Gott selbst. Der Zoologe, der – wie es Konrad Lorenz einmal ausdrückte – wie ein Autoschlosser unter das Fahrgestell zu kriechen und im Blick von unten an das Ganze des von außen so schönen und chromblitzenden Wagens heranzugehen hat, wird sich also aus diesem weiten Feld des Liebeslebens zunächst das enger umgrenzte, eindeutig mit den übrigen Lebewesen vergleichbare Fortpflanzungsverhalten auswählen. Nicht weil er Liebesleben zum Fortpflanzungsverhalten entmythologisiert und abwertet, sondern weil er von dieser wissenschaftlich leicht erfaßbaren Stelle her den biologischen Zugang zum Ganzen finden kann.

Vom Fortpflanzungsverhalten sprechen wir, wenn nicht nur einzelne Organe, sondern der gesamte Organismus handelnd in den Ablauf des Sexualgeschehens eingreift. Das geschieht tatsächlich bei fast allen überhaupt *handelnden,* d. h. sich bewegenden Lebewesen, insbesondere bei fast allen Tieren. Verschmelzungsprozesse, Austausch und Neukombination der genetischen Informationen, die in den Chromosomen der Zellkerne enthalten sind, gehören zu den Notwendigkeiten des Fortbestands des Lebens und dienen der Ausmerzung schadhafter Gene, zugleich auch der Einbringung von Mutationen, also Abänderungsvorschlägen, in den Diffusionsraum gleicher Gene, als den man jede Spezies bezeichnen kann. Die zur Erzielung einer Annäherung und Verschmelzung notwendige Unruhe und Antriebsspannung wird in der Natur durch die Errichtung eines Ungleichgewichts erreicht, das nach seinem Ausgleich strebt. Physiologisch – bei höheren Formen des Lebens auch psychologisch – stellt sich dieses Ungleichgewicht, dieser Aufbau einer polaren Unruhe aus dem Urzustand einer zentralen Ruhe, durch die Geschlechter her, also durch die männliche oder weibliche Ausprägung der Individuen einer Art. Bei einzelligen Algen wie bei manchen höheren Tieren werden die Geschlechtszellen durch ein Konzentrationsgefälle bestimmter Sexualstoffe, sogenannter Glykoproteide, angezogen und zusammengeführt, so daß ein skeptischer Beobachter in stärkster, zynischer Vereinfachung feststellte: »Liebe ist Apfelsäure!« Setzen wir ihm sogleich ein »Liebe ist mehr!« entgegen, aber halten wir doch fest: Auch beim Menschen und allen den reichen Ausdrucksformen, zu denen seine beiden Geschlechter in ihren verschiedenen Rollen gelangen können, um das Spannungsfeld aufzubauen, das sie zu liebender Vereinigung drängt wie zur Rückkehr in die Ruhe aus den Fernen der Unruhe – auch bei uns liegen am Grunde dieser Erscheinung als physiologischer Ausgangspunkt die Mengenverhältnisse und Wirkungsgrade von Zellsäften, die in den X- oder Y-Chromosomen unserer Zellkerne, in der Biochemie einzelner organischer Moleküle von DNS-Ketten abgezählt und gemessen werden können.

Diese Vereinigung gegengeschlechtlicher Individuen ist der dem Biologen erkennbare Zweck der Sexualität, um sie geht es bei dem Fortpflanzungsverhalten der Lebewesen. Sie ist ein physiologisch schwieriger Vorgang, oft stellt sie die komplizierte, nur auf mühsamem, von vielen Gefahren bedrohtem Weg zu erreichende Endstation einer langen Handlungskette dar, und immer setzt sie individuelle Vorbereitungs- und Reifungsprozesse voraus. Die Geschlechtsreife ist stets ein verhältnismäßig spätes, sehr oft im Tierreich sogar das letzte und abschließende Wachstumsstadium des Individuums, obwohl die inneren Geschlechtsorgane, die Keimdrüsen, schon sehr früh gebildet werden: Bei den Schmetterlingen besitzt sie schon die Raupe, beim menschlichen Embryo sind sie schon in der zweiten Lebenswoche, vor den Extremitäten und Sinnesorganen, angelegt. Eine besondere physiologische Struktur scheint die Reifung dieser Gonaden zunächst zu verhindern, ein System von Hormonen – bei Wirbeltieren vom Hinterlappen der Hypophyse ausgehend – setzt die Reifung der Keimdrüsen dann sehr viel später in Gang. Damit werden bei den Wirbeltieren, und auch beim Menschen, die Gonaden zu Keim-*Drüsen,* die nun mit Hilfe der von ihnen abgesonderten Geschlechtshormone den ganzen Organismus für das Fortpflanzungsverhalten reif machen und die Antriebsstrukturen wecken, die dieses Geschehen als Triebziel durch entsprechendes Handeln zu erreichen suchen.

Doch ist dieses grobe Modell für die Erklärung der menschlichen und auch der verwandt-tierischen sexuellen Appetenz nicht genügend. Geschlechtshormone bilden in notwendiger Menge zwar die Grundlage, aber nicht die ausreichende Erklärung der geschlechtlichen Aktivität. Sie läßt sich beim Menschen, wie die vergeblichen Versuche der Hormontherapie zeigen, durch zusätzliche Hormonmengen nicht wesentlich steigern, sie bleibt andererseits auch bei gewaltsamer Entfernung der Keimdrüsen noch über Monate und Jahre erhalten. Neueste Forschungsergebnisse zeigten, daß unser sexuelles Bedürfnis in seinem Grundmuster von der Geschlechtsreife ab in sehr hoher und drängender, ja biologisch zwingender Intensität vorhanden ist, aber durch ein biochemisches Repressorensystem – den hormonähnlichen Stoff Serotonin – so niedrig gehalten wird, daß hormonale und psychische Regulationen möglich und nötig werden. Hebt man durch Para-Chlorphenylalanin diese Wirkung der Repressoren auf, lockert man die Zügel dieses biochemischen Kontrollsystems, so kommt es zu einer willensmäßig nicht mehr steuerbaren, überflutenden sexuellen Appetenz auf niedrigster Reizschwelle. Die Verhaftung des Menschlichen im biologischen Wurzelgrund ist hier wie überall sonst im leiblichen und psychischen Geschehen deutlich: Ein Defekt im geordneten, harmonischen Ablauf unserer physiologischen Regelkreise kann die Funktionen unseres Leibes so mächtig machen, daß sie uns, den eigentlichen Herrn im Hause, vollständig überrennen. Das *Es,* wie Freud es nannte, wird dann in uns stärker als das *Ich.*

Bei den Tieren ist dieses völlige Vorherrschen des *Es* das Normale, vermutlich einfach deshalb, weil es etwas wie den *Herrn im Hause,* ein *Ich,* oberhalb der Ebene des physiologisch und psychologisch Funktionalen dort gar nicht gibt. Anderenfalls aber, weil eine solche personale Oberinstanz nur als schwaches Flämmchen existiert, das auf dem Höhepunkt eines Hormonschubs mit Sicherheit überflutet wird. Nur in schwacher Andeutung bei den höchsten Menschenaffen gibt es die Ablehnung eines sich anbietenden Sexualpartners bei gesundem Hormonspiegel, in ungestörten Umweltverhältnissen und trotz ausreichendem Angebot von Auslöserreizen.

Die hormonale Steuerung des sexuellen Triebgeschehens der höheren Tiere ist zugleich dem Rhythmus des Jahreslaufs angepaßt. Die Brunstzeit ist so eingeordnet, daß die Geburt der Nachkommenschaft in dem klimatisch günstigsten Monat erfolgen kann. In mildem Klima, auch in den Tropen, lockert sich diese zyklische Bindung der Sexualität an die Jahreszeit, ebenso bei der Haustierhaltung, wo die gleichmäßige Witterung im Stall die Unterschiede des Jahreslaufs ausgleicht. Bei den weiblichen Hominiden, also den Menschenaffen und dem Menschen selbst, ist der Sexualzyklus merkwürdigerweise nicht mehr dem Jahr, sondern dem Monat, nicht mehr dem Sonnenumlauf, sondern dem Mondzyklus parallel gestellt, d. h. es kommt in etwa vierwöchigen Abständen zur Eireifung und Hormonausschüttung, die zu maximaler Empfängnisbereitschaft und sexueller Appetenz in der Zyklusmitte führt, zum sogenannten Oestrus der Affen, dessen Reste neue Untersuchungen als klare Libido-Steigerung auch bei Frauen nachweisen, und zur Blutung am Ende des Zyklus. Dieser Zyklus kann ausfallen – bei manchen Affen regelmäßig einige Jahre lang nach jeder Geburt, wenn das Junge am Leben bleibt. Damit fällt dann auch das sexuelle Bedürfnis dieser Tiere und das Sexualverhalten aus, soweit es wirklich Fortpflanzungsfunktion hat und nicht teilweise in andere Antriebsbereiche einbezogen worden ist. Beim erwachsenen Menschen dagegen fällt der weibliche Zyklus nur während der Schwangerschaft und im Alter aus, und die sexuelle Appetenz beider Geschlechter – die zwar vielfältigen Schwankungen und Störungen ausgesetzt sein kann und einer weitgehenden psychischen Kontrolle unterliegt – ist von Jahreszeit und Zyklus fast völlig abgelöst und praktisch jederzeit latent vorhanden.

Damit sind sowohl Ähnlichkeiten wie Unterschiede schon in der physiologischen und psychologischen Grundsituation des Sexualgeschehens bei Tieren und beim sogenannten nackten Affen deutlich geworden. Es kann tatsächlich am allerwenigsten von allen Antriebsbereichen in dem der Sexualität genügen, wenn man das spezifisch menschliche Verhalten durch physiologische und verhaltenskundliche Beobachtungen an Tieren verstehen und hinreichend beschreiben will. Das hat zunächst einmal einen rein biologischen Grund: Kein Tier hat eine vergleichbar lange Kindheit als Zeit der Entfaltung und differenzierter Lern- und Prägungs-Prozesse hinter sich, wenn es geschlechtsreif wird, wie der Mensch. Daher besteht seine Sexualität nicht allein im zeit- und reizbedingten Ausklinken einfacher Erbstrukturen, sondern ist durch eine Fülle möglicher Verhaltensvarianten angereichert. Ihre Breite wird durch die Verzahnung verschiedener Entfaltungsbedingungen mit den unterschiedlichsten Umwelteinflüssen auf dem Wege durch die Kindheit bestimmt.

Von entscheidender Wichtigkeit für die individuelle Tönung des sexuellen Empfindens und Verhaltens eines Erwachsenen ist nämlich sein frühkindliches Erleben in allen den Antriebsbereichen, die sich nacheinander, den Phasen seiner Entwicklung entsprechend, in ihm entfalten. Freud hatte alle diese Antriebe noch als Partialtriebe der Sexualität bezeichnet, weil er erkannte, wie maßgeblich alles spätere sexuelle Verhalten in ihnen wurzelt und auf ihnen aufbaut. Die Sexualität eines Erwachsenen kann danach z. B. eine *oral-kannibalistische* oder eine *anal-sadistische* Färbung erhalten, wenn frühkindliche Libidostufen nur unzureichend bewältigt wurden. Die Triebbefriedigung eines Erwachsenen kann also unter Umständen besonders an die Mundzone, an die *Oralität,* gebunden sein: In unreifer Weise wird ihm dann Essen und Trinken, Rauchen, Saugen, Lutschen und Küssen mehr oder intensivere Befriedigung bedeuten als die genitale Sexualität. Solches Verhalten zeigt an, daß dieser Mensch als Säugling – also in der Altersstufe, in der die Mundzone und die oral-kaptativen Antriebe im Vordergrund aller Handlungsmöglichkeiten standen – unzureichend abgesättigt und ungenügend befriedigt worden ist, so daß diese Stufe gar nicht voll überwunden werden konnte. Er bleibt daher, wie es in der Sprache der Psychoanalyse heißt, an diese frühkindliche Antriebs- und Libidostufe fixiert.

Wie sich an diesem Beispiel zeigt, ist die Störbarkeit des Menschen auf dem Feld seiner sexuellen Antriebsentwicklung sehr groß, sie ist deutlich größer als bei Tieren. Denn die Tiermutter handelt, jedenfalls bei ungestörten Umweltverhältnissen, in freier Wildbahn, ihren Jungen gegenüber stets »richtig«, d. h. sie funktioniert in der klaren Gesetzlichkeit von Instinktmechanismen, so daß die frühkindlichen Entwicklungsphasen der Jungen in einer ihnen angemessenen Weise sicher durchlaufen werden können. Dagegen haben Menschenmütter die Möglichkeit zu durchaus variablem Verhalten, sie handeln nicht unumstößlich und zwingend nach ihrem angelegten Gefühl, in dem instinktiv das Richtige zu erfahren wäre, sondern nach rational erdachten Vorschriften oder unter dem Einfluß wechselnder Moden, Ideologien oder Wünsche. Manche stillen ihre Kinder nicht oder nicht ausreichend, manche lassen sie schreien, sie halten ihren Säugling nicht mehr an der Brust, tragen ihn nicht auf dem Rücken, beruhigen ihn nicht durch die Wärme und den Rhythmus ihres eigenen Körpers, sondern überlassen ihn mehr oder weniger einer technisierten Ersatzbetreuung. Das Naturwesen Säugling, das in seinem ererbten Programm angemessenen Verhaltens und spezifischen Prägungsbedürfnisses auf die greifbare Nähe und die natürliche Verfügbarkeit seiner Eltern angewiesen ist, trifft in unserer Zivilisation auf eine im wahren Sinne unbegreiflich gewordene Welt, in der zu bestehen eine biologische Leistung ist, die oft genug durch Einbußen im normalen seelischen Entwicklungsverlauf erkauft werden muß.

So ist die auffallende Vielfalt sexuellen Verhaltens beim Menschen, die Fülle der Varianten in den Wegen und in den Zielen seiner Liebesfähigkeit, zu einem großen Teil dadurch bedingt, daß durch unangemessenes Verhalten der Erzieher in jedem seiner frühkindlichen Antriebsbereiche – im oralen, intentionalen und im aggressiven – Entwicklungsblockierungen hervorgerufen werden können, die eine volle Ausreifung seiner Sexualität verhindern. Daß Geschlechtlichkeit in reifer Weise zugleich eine seelische Ich-Du-Beziehung werden kann, muß seine erste Vorbereitung im frühen Kontakt zwischen Mutter und Kind erfahren. Menschen, die als Säuglinge eine enge Bindung an eine fürsorglich-liebevolle, Schutz, Wärme und Nahrung spendende Mutter nicht entwickeln konnten, haben daher häufig auch als Erwachsene deutliche Kontaktschwierigkeiten, so daß auch ihre Sexualität sich in wahlloser Promiskuität, in steuerlosem Schweifen verliert. Daß frühe Antriebsstörungen der Grund dafür sind, hat sich im Tierexperiment sogar beweisen lassen: Auch die Rhesusaffen Harlows, bei denen man den notwendigen, intensiven Mutter-Kind-Kontakt künstlich verhinderte, indem man sie isoliert aufzog, hatten später große Schwierigkeiten, einen Sexualpartner zu finden, schweiften sexuell und allgemein-sozial am Rande der Affensozietät und wurden, kurz gesagt, niemals anständige Affen.

Es können in diesem Rahmen nicht alle Varianten der Sexualität beschrieben werden, die in der frühkindlichen Antriebsentfaltung vorgeformt werden. Es gehört z. B. zum Erfahrungswissen der Psychoanalytiker, daß durch harte körperliche Züchtigung im Kleinkindalter späterer Sadismus oder Masochismus, durch Unterdrückung sexueller Neugier späterer Voyeurismus, durch Diffamierung des sexuellen Zeigebedürfnisses späterer Exhibitionismus hervorgerufen werden können. Die bedeutungsvollste Programmierung für späteres Sexualverhalten geschieht aber vermutlich im Alter von fünf Jahren, in der Entwicklungsstufe, die Freud als ödipal bezeichnete. Durch eine vorübergehende, sexuell getönte Bindung des Kindes an den gegengeschlechtlichen Elternteil wird hier anscheinend das Bild der *richtigen* Frau für den Jungen, des *richtigen* Mannes für das Mädchen an Mutter und Vater vorgeprägt.

Eine erstaunliche Analogie zu diesem Vorgang läßt sich in der sexuellen Prägungsphase der Entenvögel nachweisen. Jenseits der frühen Kindheit durchlaufen diese Tiere eine Prägungsphase, in der sie am Elternkumpan lernen, sich später einen Geschlechtspartner der eigenen Art auszusuchen. Friedrich Schutz in Seewiesen hat diese Zusammenhänge in vielen Experimenten bewiesen, indem er junge Enten mit artfremden Ersatzeltern oder schließlich gar mit gleichgeschlechtlichen Artgenossen zusammen aufzog. Es gelang ihm auf diese Weise, sowohl Paarungen verschiedener Arten als auch lebenslängliche gleichgeschlechtliche Erpelehen zu erreichen, was beides in freier Natur niemals vorkommt. Diese Versuche legen Vergleiche mit der Lebensgeschichte sexuell pervertierter Menschen nahe, worauf 1969 die Psychologin Christa Meves hinwies. Sie schreibt: »Die Psychoanalyse hat von ihren Anfängen an behauptet, daß der Mensch in der sogenannten ödipalen Phase eine spezifische Beeindruckbarkeit besitze, die maßgeblich sein könne für sein späteres Liebesleben. Danach scheint es so, daß auch der Mensch in der Kindheit eine Prägung erlebt, in der das Hinwenden zu einem gegengeschlechtlichen Partner prinzipiell festgelegt wird. Dieses Kennenlernen eines generalisierten Objekts erfolgt – genau wie bei den Enten – in einem anderen Funktionskreis als dem, für den es bestimmt ist, nämlich an den eigenen Eltern. Durch ungünstige Vorbilder können diese Muster entstellt werden, so daß der Mensch dann sexuelle, auf eine gegengeschlechtliche Person gerichtete Antriebsimpulse unterdrückt, wenn sie in seiner Reifezeit in Erscheinung treten wollen. Ist bei einem Kind die Basis für die spätere gegengeschlechtliche Objektwahl zu schmal gewesen oder ganz ausgefallen, so kann es zu zufälligen Verknüpfungen zwischen genitalen Sensationen und inadäquaten Objekten kommen. Auf diese Weise können Fetischismus, Pädophilie und Homosexualität entstehen. Es kann aber auch bei solchen Konflikten etwas Ähnliches geschehen wie bei Schutz' Erpeln: Der Konflikt kann Verdrängung der sexuellen Impulse und Angstreaktionen auslösen, so daß es zu seelischen und körperlichen Leiden und zu unangemessenem Verhalten kommt.«

Schwierigkeiten entstehen aber nicht nur, wenn die frühkindliche Einübung der späteren Liebesfähigkeit durch ein unterkühltes Verhältnis zum entsprechenden Elternteil zu kurz kommt, sondern auch, wenn umgekehrt in der empfindlichen Prägungsphase der Fünfjährigkeit eine überhitzte, zu stark sexuell getönte Bindung erfolgt, was man mit Freud dann die *ödipale Fixierung* nennt. Nur wenn sich ein Junge aus dieser Fixierung an die Mutter löst, was mit dem unbestimmten Unbehagen gegenüber dem Vater, mit den Qualen eines Ödipus und dem Gefühl seiner Schuld und seines schlechten Gewissens verbunden ist, wird der Weg frei für eine gesunde Entwicklung in der Pubertät. Und das gleiche gilt in der umgekehrten Situation dem Vater gegenüber für das Mädchen. Bleibt aber die ödipale Bindung durch eine sexuell gefärbte Stimulation der entsprechenden Bezugsperson erhalten, so kann es später im Jugend- und Erwachsenenalter zu dramatischen psychischen Störungen kommen. Die Einsicht der Wissenschaft in diese so außerordentlich störanfälligen, hochkomplizierten Entfaltungsbedingungen reifer Sexualität lassen manche modernen Experimente, Jugendliche in Kommunen, Kinderläden und Falkenlagern zu sexuellem Verhalten zu stimulieren, als pseudowissenschaftlich und verantwortungslos erscheinen. Die Schäden, die durch falsche, den sich entwickelnden Antriebsstrukturen nicht angemessene Erziehungsmaßnahmen hervorgerufen werden können, sind meist irreparabel; die Hilfe, die Eltern und Gesellschaft dem Einzelnen auf dem Wege zur Entwicklung seiner reifen Sexualität bieten können, machen diese Erziehung zu einem Kunstwerk, zu dem neben gutem Willen auch Wissen und Geschick, Geduld und Liebe gehören. Wo dieses Kunstwerk, dieses echte Stück Kultur mitten im Raum unserer Zivilisation, gelingt, da wird der Mensch mit dem Reifen seiner Sexualität zugleich zu entscheidend viel mehr fähig als zu Geschlechtsverkehr, nämlich zu allem, was an seinem Liebesleben spezifisch menschlich ist und über das biologische Triebgeschehen weit hinausreicht.

Auf diesem Wege muß jedoch noch ein weiteres Antriebsgeschehen bewältigt werden, das dem Geschlechtstrieb des Menschen scheinbar entgegen gerichtet ist und um so rätselhafter wirkt, weil es beim Tier fehlt: das *Schamgefühl.* Im biblischen Bild des Sündenfalls ist die Situation geschildert, die den Menschen radikal von allen anderen Geschöpfen sondert: Nachdem sie vom Baum der Erkenntnis gegessen hatten, »gingen ihnen die Augen auf, und sie erkannten, daß sie nackt waren« (1. Mos. 3, 7). »Die Augen klärten sich ihnen beiden ...« übersetzt Martin Buber den alten hebräischen Text: nicht Trübung ursprünglicher Natürlichkeit, nicht prüde Verklemmung durch unnatürliche gesellschaftliche Tabuisierung, wie es die moderne Soziologie uns heute weismachen will, sondern einen höheren Grad geistiger Klarheit billigt der Jahwist dem Menschen zu, der aus der paradiesischen Unschuld der Tiere herausgetreten ist und für den darum nicht länger gilt, was Inbegriff dieser Unschuld gewesen war: »Sie waren beide nackt, der Mann und sein Weib, und sie schämten sich nicht« (1. Mos. 2, 25). In der schmerzlichen Erkenntnis der Abgetrenntheit wird die exzentrische Unruhe der Geschlechterspannung, die auf *ein Fleisch* zielt, auf das eine *Es,* dem doch zwei *Ichs* von nun an entgegenstehen, voller Scham als Schuld erlebt. Diese Unruhe drängt zur Aktion, und so »flochten sie Feigenlaub zusammen und machten sich Schurze«. Im Verhüllen, im Versuch, sich mit der Natur nicht abzufinden, sondern sie nach den eigenen Wünschen zu verändern, ihr eine Kultur entgegenzustellen, wird die Stufe des eigentlich menschlichen Handelns erreicht. In diesem Sinne hat der polnische Philosoph Kolakowski die Kultur als *Opposition zur Natur* verstanden und das Feigenblatt als ihren Beginn gesehen.

Tatsächlich findet sich das Feigenblatt in Form des Lendenschurzes oder anderer verhüllender Artefakte bei fast allen Völkern, auch bei den primitivsten, und nicht nur Bedürfnisse des Wärmehaushalts und der Hygiene stehen hinter diesem Verhüllen, sondern der Antrieb des Schamgefühls. Wie zentriert dieses Gefühl auf die Geschlechtlichkeit und die Sexualorgane ausgerichtet ist, darauf weist in unserer Sprache die Tatsache, daß »die Scham« zu einem umschreibenden Symbol für die Genitalien wurde. Und wenn scheinbar dagegen spricht, daß bei manchen Naturvölkern, im antiken Kult und in manchen Details der mittelalterlichen Mode auch in unserem Kulturraum, die Sexualorgane des Mannes sogar hervorgehoben und überhöht wurden bis hin zur Anbetung des Phallus als einer Gottheit, so beweist das doch nicht die Abwesenheit des Schamgefühls, sondern nur seine Verdrängung und die Möglichkeit, es auf andere Verhaltensbereiche umzumotivieren. Sexuelle Potenz, unverhüllt und mit Stolz dargeboten als Symbol für Macht und gesellschaftliche Ranghöhe, als *Imponiergehabe,* wie es die Verhaltensforscher nennen, ist bei vielen Primaten eine im Verhalten eingebahnte Motiv-Verschiebung. Wir finden sie auch mitten in unserer Zivilisation überall, wo Männer in primitiver Gesellschaft das kulturelle Niveau bis auf das biologische Verhaltensskelett abbauen, und wir finden sie in vielen Affengesellschaften.

Daß es Schamgefühl, d.h. die Fähigkeit, sich eigener Unvollkommenheit zu schämen, und zugleich das Bedürfnis, sie vor anderen zu verbergen, im Tierreich nicht gibt, steht fest. Der voll »schlechten Gewissens« sich schämende Hund, der sich vor seinem Herrn mit eingekniffenem Schwanz verkriecht, steht dieser Feststellung nur scheinbar entgegen: Er verhält sich dem Anlaß entsprechend, wenn er mit Demutsgebärde das gesellschaftliche Anerkennungsritual durchführt, mit dem er nach seiner Art ein herausgefordertes Alpha-Tier besänftigt – nicht mehr. Das Präsentieren der Genitalien, die Unbefangenheit, mit der Tiere ihrer Sexualität nachgehen, hat ihnen ja vor allem das Urteil der Schamlosigkeit eingetragen. Die Fremdheit zwischen uns und ihnen wird hier spürbarer als irgendwo sonst in ihrem Verhalten: Nicht der »nackte Affe« ist der Mensch, sondern das einzige Lebewesen, das sich solcher Nacktheit schämen kann. Für uns ist das Schamgefühl ein die Natur überhöhender und die Kultur schaffender Antrieb, der zum Merkmal unserer Art wird, da der Mensch, wie Arnold Gehlen sagte, »von Natur ein Kulturwesen« ist.

Wenn es eines Beweises dafür noch bedurft hätte, so liefert ihn heute die Kinderpsychologie, die nachweisen kann, daß ein Drang zum Verbergen der eigenen Nacktheit beim jungen Menschen als normaler Entwicklungsschritt auftritt, sowie die Geschlechtsrolle bewußt erfaßt wird. Im Erlebnis der geschlechtlichen »Halbheit« wird die ödipale Phase der Fünfjährigkeit zu dem Zeitpunkt, in dem Kinder beginnen, sich des direkten körperlichen Ausdrucks ihres Geschlechts zu schämen. Man kann diesen Antrieb zwar, wie andere auch, durch Erziehung verdrängen oder gar eliminieren, aber man wird mit solcher Manipulation und seelischen Verstümmelung nicht beweisen, daß es das Schamgefühl nicht gäbe. Nacktheit hat mit natürlicher Unschuld nur noch wenig gemein, wenn die Bewußtseinsstufe der Fünfjährigkeit überschritten ist; Unbefangenheit beim Anblick der erwachsenen Nacktheit des anderen Geschlechts ist daher kein

Zeichen für befreite Natürlichkeit unserer sexuellen Antriebsstrukturen, sondern für ihre Einengung durch Abstumpfung oder Verdrängung. Würde man Kinder allein auf einer einsamen Insel aussetzen, damit sie in nackter Natürlichkeit, von allen repressiven Einflüssen der Gesellschaft befreit, unserer Art gemäß aufwüchsen, so würden sie im Alter von fünf Jahren den Lendenschurz neu erfinden, den sie so dringend brauchen, um in seinem Schutz seelisch gesund zu der Pubertät heranzureifen, in der sie in der Lage sein werden, ihn abzulegen, wenn in einer personalen Begegnung die Scham der wohlbehütete Besitz ist, den man aufgeben will, um ihn einem Partner zu schenken.

So steht am Ende unserer Betrachtung über die Sexualität die menschliche Ausdrucksform der reifen, partnerschaftlichen Liebe der Ich-Du-Beziehung, in der nicht nur zwei *Es* zu einem Fleisch werden können, sondern zugleich zwei *Ichs* zu einem leiblich-seelischen *Wir,* zu einem Geschlechtsleib, wie der Anthropologe von Gebsattel es nannte. »Denn erst hier, wo Ich und Du in der zeitenthobenen Unmittelbarkeit der schöpferischen Liebesbegegnung sich als wesenhaft einer zum andern gehörend erfahren, ... ist der Grund gelegt für jene tragende Geschlechtsgemeinschaft, welche die Liebe benötigt, um Leib werden zu können.«

Die Sexualität mit ihrer nach außen drängenden, sich verströmenden Triebhaftigkeit wird geschützt, umhüllt und damit zugleich geformt durch die nach innen gekehrte und auf Bewahrung gerichtete Schamhaftigkeit, und der Mensch wird im Gegeneinander dieser beiden Kräfte über die Ebene tierhafter Individualität angehoben in den Bereich echter Personalität. In dieser Höhe reifer Entwicklung begegnen sich dann auch im Sexuellen nicht mehr die Geschlechter einer Art, um dem uralten Gesetz der Erhaltung zu dienen, sondern der Vollzug der Artgesetze wird zum tragenden Grund, auf dem die Person, der unverlierbare Einzelne, wächst. Getragen von der Liebe eines anderen Ichs lernt er, sein eigenes Ich anzunehmen, und findet Trost und neue Kraft in der Einsamkeit, die der Preis ist für eigentlich menschliche, für geistige Existenz. Im liebenden *Wir* wird er zugleich reif für die Erkenntnis, daß alle Unruhe und Sehnsucht, deren sein Ich fähig ist, ihn von sich wegtragen wollen zu anderen, höheren Zielen.

Mit dem Bewußtwerden seiner Triebstrukturen verliert der Mensch seine Unbefangenheit sich selbst und den anderen gegenüber; wir haben gesehen, daß dieser Vorgang seelischer Reife sich in jedem von uns in der Kindheit so wiederholt, wie ihn die Genesis für die Menschheitsgeschichte insgesamt darstellt. Schon Kant sah es so, als er (1786) in seinem Aufsatz über den ›Mutmaßlichen Anfang der Menschengeschichte‹ schrieb: »Aus dieser Darstellung ergibt sich, daß der Ausgang des Menschen aus dem Paradiese nichts anderes als der Übergang aus der Rohigkeit eines bloß tierischen Geschöpfes in die Menschheit, aus dem Gängelwagen des Instinkts zur Leistung der Vernunft, mit einem Wort: aus der Vormundschaft der Natur in den Stand der Freiheit gewesen sei.«

Doch was uns die Genesis nach der frühen Kulturtat des Feigenblatts als erste Handlung in diesem neuen, nachparadiesischen Stand der Freiheit vorhält, ist schlimmste Unkultur: Kains Brudermord an Abel steht ganz am Anfang unserer Geschichte. Der Fluch des Tötens, der feindseligen Aggression, scheint so zwangsläufig zum Menschen zu gehören, daß Kant meinte, schon deshalb habe unsere Geschichte unbedingt mit einem einzigen Paar beginnen müssen, »damit nicht sofort der Krieg entspringe, wenn die Menschen einander nahe und doch einander fremd wären«. Daß wir alle Kains Söhne sind, ist auch die schmerzliche Erkenntnis eines biologischen Sachbuchs unserer Tage: »Weder in Unschuld noch in Asien wurde die Menschheit geboren«, schreibt Robert Ardrey in seinem Bestseller ›Adam kam aus Afrika‹. Die Abstammung unserer Art von einem Mörderaffen, wie er ihn nennt, scheint uns noch treffender zu kennzeichnen, als es selbst der böse Titel des ›Nackten Affen‹ tat. Ist es nicht alles Illusion, was wir als *Zoon politikon*, als für das Gemeinwohl wirkendes Lebewesen, uns an einsichtigem Handeln zubilligen wollen? Ist nicht der Mensch, aus dem Stand eines friedlichen Herdentiers ausgebrochen, zum *Homo homini lupus* geworden, zum Raubtier gegenüber seinem Nächsten, so daß er die bittere Anklage verdient, den ganzen Zorn gekränkter Liebe, den Bert Brecht ihm entgegenschleudert: »... wovon lebt der Mensch? Indem er stündlich den Menschen peinigt, auszieht, anfällt, abwürgt und frißt?«

Was ist die *Aggression,* dieser Drang des Menschen, an seiner Umwelt, am Mitmenschen feindselig, zerstörerisch zu handeln? Ist es eine satanische Macht in uns oder eine Fehlkonstruktion unserer Antriebe, die als häßlicher Fleck das Bild des Menschen verdirbt und alle Hoffnungen auf eine bessere Welt, auf ein friedliches Mit- und Nebeneinander immer wieder zuschanden macht? Kann sie uns zur Last gelegt werden, können wir sie gar vermeiden? Im amerikanischen Behaviourismus war man optimistisch genug, eine Lösung des Problems zu sehen: Nur wer behindernde und enttäuschende Einengungen seiner Antriebe erlebt – sogenannte Frustrationen –, nur der, so meinte Dollard 1939, werde in die Aggression gedrängt, in eine Antworthaltung, in der sich dann erst (um mit Schiller zu sprechen) »die Milch der frommen Denkungsart in gärend Drachengift verwandelt«. Die praktischen Amerikaner machten diese Theorie sofort zur wissenschaftlichen Begründung eines modernen Erziehungssystems des Gewährenlassens und der Vermeidung jeglicher kindlicher Frustration, und sie lieferten mit dem Fehlschlagen dieses Großexperiments den exakten Beweis dafür, daß ihre Voraussetzung falsch war. Eine diffuse, in Ermangelung eines »Gegen-Stands« auf sich selbst gekehrte Aggressivität stellte sich dort ein, wo das Erfassen eines Zieles durch einen pädagogischen Kunstgriff verhindert wurde; die Energie verströmte ungeordnet, wo sie sich nicht im Widerstand an einem konkreten Anlaß formieren durfte. Die Vermeidung der Frustration wurde so selbst zur größten Frustration: Depressionen und eine besonders hohe Zahl von Selbstmorden waren die Folge einer falschen, übermäßig verwöhnenden Erziehung.

Es hat sich also mit großer Deutlichkeit erwiesen, daß die Aggression nicht die Folge fehlerhafter gesellschaftlicher Erziehung ist, daß sie nicht durch vermeidbare Frustrierungen bewirkt wird, sondern – wie Freud schon richtig erkannt hatte – aus einer »kontinuierlich fließenden innersomatischen Reizquelle« herrührt. Sie gehört zu den Antriebsstrukturen unseres Handelns. Die Schulen der Neo-Freudianer fassen sie als einen der drei wichtigen Grundtriebe auf, die es neben dem Sexualtrieb gibt. Nach dem oral-kaptativen Antrieb, der sich beim Säugling zunächst die Welt einverleiben will – dem Treptikon, der Ernährungsseele der aristotelischen Einteilung vergleichbar –, folgt in der Gliederung von Schultz-Hencke der intentionale Antrieb, in dem diese Welt erfahren und durch sinnliche Wahrnehmung empfunden werden soll, was dem Aesthetikon, der Empfindungsseele des Aristoteles, entspricht. Als dritter Schritt kindlicher Entwicklung folgt dann der aggressive Antrieb, in dem die Welt aktiv angegangen, als Aufgabe angegriffen und bewältigt wird.

Sollte diese dritte Antriebsstruktur vergleichbar sein der dritten und höchsten Seelenstufe bei Aristoteles, dem Nous, der menschlich-göttlichen Vernunft? Das erscheint fast wie ein schlechter Scherz angesichts der mörderischen, schändlichen und gänzlich unvernünftigen Aggression, mit der Kain seinen Bruder Abel erschlug. Aber von der »frohgemuten«, zupackenden Aktion, mit der das »Hänschen klein« den Stock und den Hut nimmt, um in die Welt zu gehen, von dem Knaben, der »Disteln köpft«, über den Helden, der den Drachen tötet, bis hin zu dem in Wut und Zorn rasenden Rächer und dem feigen Mörder spannt sich ein weiter Bogen über das Feld, das wir Aggression nennen. Wir hatten schon am Geschlechtstrieb bemerkt, wie sich ein solcher Bogen vom Sexus bis zum Eros spannt – hier in der Aggression lernen wir nun einen Trieb kennen, der sich nicht nur aus dem biologischen Wurzelgrund zu echt menschlicher Leistung emporschwingen kann, in der das *Ich* über das *Es* hinauswächst, sondern der auch pervertieren kann zu etwas, das der Mensch, nach Mephistos zynischem Urteil, »braucht allein, nur tierischer als jedes Tier zu sein«. Wollten wir diese Zustandsformen der Aggression mit Namen belegen, so könnten wir sagen: die aus der neutralen Naturform nach außen drängende, zupackende Tatkraft, Begeisterung, starke, ihrer selbst bewußte und daher maßvoll-disziplinierte Aktion ist die menschliche Kulturform dieses Antriebs, und Brutalität, Haß, Gemeinheit sind die Namen seiner untermenschlichen, untertierischen, sagen wir es nur: dämonischen Form.

Wieder wird der Biologe, der dieses Geschehen für eine Zoologie des Menschen in den Griff bekommen möchte, nach dem Rezept der Verhaltensforscher unter das Fahrgestell kriechen müssen, um von dort her, als von einem ihm besonders deutlich werdenden Teil, an das Ganze heranzugehen. Die innerartliche Aggression, der Angriff auf den Artgenossen, ist dieses biologisch deutlich einsehbare Teilstück auf dem weiten Feld aggressiven Triebgeschehens, an dem unsere Bestandsaufnahme ansetzen muß. Dabei sehen wir, von dem Instinktbegriff Tinbergens ausgehend, auch die Aggression nach dem sonst bei Antriebsstrukturen üblichen Modell ablaufen: eine diffuse, ungerichtete und allen Einwirkungen offene Triebspannung steht als Appetenz am Anfang. Durch das angeborene Verstehen oder auch durch überlagernde Prägung werden bestimmte Auslöser zu Schlüsselreizen, die ein konkretes Triebziel zum Gegenstand der Triebspannung machen und nun an diesem zur triebverzehrenden Endhandlung drängen, in der die Spannung aufgehoben und die Normalstellung einer seelischen Ruhelage wiedergefunden wird. Dieses Modell bewährt sich zur Beschreibung aller tierischen Triebhandlungen, und es läßt sich zwanglos auch auf menschliches triebgebundenes Handeln übertragen. Bei uns tritt in diesem Ablauf hinzu, was wir bei den Tieren nur vermuten, aber nicht nachweisen können: die triebverzehrende Endhandlung, die Konsumation, wird lustvoll als Spannungslösung erlebt. Diese Lust scheint sogar die Prämie zu sein, mit der unser gesamtes Antriebssystem in Gang gebracht wird und sich aus der Ruhe der physisch-psychischen Sattheit nach einer Regenerationsphase immer wieder in das Ungleichgewicht einer neuen Spannung begibt. Freud nannte dieses Streben nach Lustgewinn »Libido«, im Bereich der Aggression werden wir es besser Angriffslust, Tatendrang oder Mut nennen. In allen diesen Begriffen klingt bereits deutlich an, daß es sich um lebenserhaltende und lebensnotwendige Impulse handelt, und in diesem Sinne hat Konrad Lorenz diesen Antrieb als *das sogenannte Böse* bezeichnet. Tatsächlich ist dies die wichtige Erkenntnis, die wir aus seiner Naturgeschichte der Aggression für die Beurteilung unseres Handelns gewinnen können: Aggression an sich ist nur scheinbar etwas Böses, sie ist in der reinen Form, in der die Tiere sie uns zeigen, »diesseits von Gut und Böse«.

Es ist selbstverständlich, daß Aggression als Angriffsverhalten, das auf Verletzung des Gegners zielt, immer dort notwendig ist, wo ein Raubtier seine Beute schlägt oder wo ein Beutetier sich und seine Jungen vor einem Feind verteidigt. Aber weniger klar ist uns zunächst, wieso es innerhalb der Individuen einer Art zu aggressivem Verhalten kommt. Was ist der biologische Zweck solcher innerartlichen Aggression? Die moderne Biologie, die mit der Erkenntnis der Evolution beginnt und das Einzelwesen im ständigen Ausleseverfahren durch die Umwelt zu sehen gelernt hat, kann hier eine klare Antwort geben. Der Kampf ums Dasein, den Darwin von den Arten und Individuen beschrieb, nimmt innerartlich die Form des Konkurrenzkampfes an. Auf den im Minimum zur Verfügung stehenden lebenswichtigen Faktor konzentriert sich die auslesende Konkurrenz der gleichartigen Individuen, denn sie alle haben als Artmerkmal die gleichen Bedürfnisse und sind daher in gleichem Maße auf ihn angewiesen. Meist ist die Nahrung dieses Feld, auf dem sich der Konkurrenzkampf als Auslese des Stärkeren entfaltet. Nur in den seltenen Fällen, wo Nahrung allen Artgenossen in unbeschränkter Menge zur Verfügung steht, fällt die Aggression auf diesem Gebiet aus: Heringsschwärme, Schaf- und Rinderherden zeigen uns deshalb das trügerische Bild eines friedlich-freundlichen Miteinanders, das wir so gerne als paradiesische Unschuld und fromme Ergebenheit mißverstehen. Das Eintragen von Samenkörnern, das Sammeln von Insekten oder das Erjagen von Beutetieren kann aber nur dann zur ausreichenden Ernährungsbasis werden, wenn das sammelnde und jagende Einzelwesen einen genügend großen Lebensraum zur Verfügung hat. So wird das *Revier* zu einer Existenzfrage, so wird die Aggression gegen den Nachbarn, die Revierbehauptung gegen ihn, zur Voraussetzung für die eigene Existenz.

Das enge Beziehungsgeflecht der Biozönosen bewirkt dabei übrigens zugleich auch für die Beutetiere eine gesunde Bestandsregulierung. Wie nordamerikanische Forscher feststellten, halten sich in den kanadischen Urwäldern die Wölfe und ihre Beutetiere, die Elche, im Verhältnis 1 : 30 im biologischen Gleichgewicht. Mehr Wölfe heißt weniger Elche und damit baldiger Zusammenbruch der Elch- und anschließend auch der Wolf-Bevölkerung. Weniger Wölfe aber heißt Überbevölkerung an Elchen und ebenfalls deren anschließenden Bestandszusammenbruch. Aggression in der blutigsten Form, als Tötung der Beute und als Tötung der Revierkonkurrenz, ist hier letztlich Voraussetzung für das Leben beider Arten. »Der Tod«, so sagt Goethe im Fragment über die Natur, »ist ihr Mittel, viel Leben zu haben.«

Wir kennen nur wenige Arten, wo solche Revierkämpfe tatsächlich bis zum Tod des Gegners ausgetragen werden; meist enden sie mit der Herstellung einer Reviergrenze. Wie die Verhaltenskundler der Schule Lorenz an vielen Beispielen zeigten, ist der Revierverteidiger »auf eigenem Platz« am stärksten und aggressivsten. Im Falle der Flucht seines Herausforderers wird der Verfolger aber mit zunehmender Entfernung vom Zentrum seiner Kraft weniger angriffslustig, während dem Fliehenden im eigenen Revier der Mut wiederkehrt, so daß sich aus der wechselseitigen Abstoßung ein Gleichgewicht der Kräfte aufbaut, dessen Ergebnis in der Reviergrenze als der Zone möglicher Grenzkonflikte sichtbar wird. Zugleich gibt die Größe der Reviere das herrschende Kräfteverhältnis unter den Konkurrenten wieder. Zweckmäßigerweise wird die Errichtung eines Reviers nicht ständig durch aggressive Handlungen vollzogen, sondern sehr oft kräfteschonend zu einer Markierung der Reviergrenzen ritualisiert. Der mit erhobenem Bein eine Duftmarke setzende Hund, das einen Kothaufen ablegende Flußpferd, aber auch der singende Vogel demonstrieren jeder auf seine Weise den Artgenossen ihre Existenz und ihren Gebietsanspruch. Die Demonstration tritt an die Stelle der Aggression und das Signal an die Stelle der Aktion.

Es macht uns Mühe, den Gesang eines Vogels als Aggression zu verstehen, denn in ihm drückt sich neben der Territoriumsverteidigung zugleich deutlich das Werben um ein Weibchen aus. Aber Sexualität und Aggression sind so oft miteinander verbunden und haben in ihren Verhaltensmustern so viele wechselseitige Motiv-Verschiebungen erfahren, daß Freud Aggression ohne Sexualität nicht gelten lassen wollte und daß Konrad Lorenz umgekehrt meinte, Sexualität sei ohne Aggression nicht möglich. In der »geschlechtlichen Zuchtwahl«, wie Darwin es nannte, findet sich über der Ebene des innerartlichen Konkurrenzkampfes sozusagen eine zweite Etage der aggressiven Auseinandersetzungen, die dem Ziel der Evolution durch Selektion dient. In der Konkurrenz um das Weibchen als den Geschlechtspartner werden die Männchen über ihre Revierbehauptung hinaus zu Rivalen, die sich bekämpfen und dafür sorgen, daß nur das jeweils stärkste Individuum zur Fortpflanzung und damit zur Weitergabe seiner Erbeigenschaften gelangt. Der biologische Nutzen dieser aggressiven gleichgeschlechtlichen Auseinandersetzung ist einzusehen, doch würde er durch die schädliche Auswirkung des Ausfalls von Individuen aufgehoben werden, wenn sich nicht gleichzeitig Verhaltensweisen herausbildeten, die eine Tötung des Unterliegenden verhindern. Auch hier verläuft daher der Kampf ritualisiert, ist keine Frage von Leben und Tod, sondern ein – fast möchte man sagen *sportliches* – Messen der Kräfte, das nicht die Vernichtung des Gegners, sondern seinen Rückzug und seine Anerkennung des Siegers will. Die Waffen, die bei manchen Arten die Männchen tragen, wie die Geweihe bei den Hirschen, sind daher auch weniger zur Verstärkung der Aggression als zu ihrer gerichteten Ableitung bestimmt, sie gleichen mehr unseren Boxhandschuhen als unseren Schwertern.

Angeborene Verhaltensweisen – im komplizierten Kampfritual oft mit Auslösern gekoppelt und nach der Reiz-Summen-Regel sich eskalierend – bilden den »Komment« dieser Rivalenkämpfe, und viele Stadien der Auseinandersetzung verlaufen in Drohgebärden, Imponiergehabe, in warnendem Knurren oder schnaubendem, stampfendem Demonstrieren, ohne daß die Gegner sich überhaupt berühren. Aber auch im letzten Kampfakt, der echten aggressiven Kontakt bringt, regiert das Ritual; manche Schlangen schlagen dann ihre Köpfe gegeneinander, Pferde keilen mit den Hinterhufen aus, Hirsche forkeln mit ihren Geweihen. So hat fast jede Tierart ihr eigenes, unverwechselbares Verhaltensinventar für ihre innerartliche Aggression; der Finkenschlag oder die Balz der Auerhähne zeigen uns, wie sehr auch hier die Demonstration an die Stelle der eigentlichen aggressiven Aktion treten kann.

Doch erst wenn wir uns den *Herdentieren* zuwenden, also den Arten, bei denen sich regelmäßig mehrere Individuen zu Lebensgemeinschaften zusammenschließen, lernen wir die ganze Fülle der Möglichkeiten kennen, die der abgestufte und modulierte Umgang mit der Aggression bietet. Herdenbildung ist nur dort ein biologischer Vorteil, wo der Zusammenschluß Einzelner zu einer strukturierten Gemeinschaft dem Ganzen durch Arbeitsteilung und gezielte Bündelung der Kräfte eine größere Aktionsbreite in Verteidigung oder Angriff verleiht. Das ist bei der Schwarmbildung vieler Vögel sowie bei den Jagdtrupps eines Wolfrudels oder einer Löwengruppe der Fall, schließlich auch bei den Affengesellschaften. In diesen Gemeinschaften entdeckten die Verhaltensforscher einen dynamischen Gleichgewichtszustand, den man – von den Verhältnissen auf einem Hühnerhof ausgehend – die *Hackordnung* nennt. Es zeigte sich nämlich, daß dieses Hacken des einen Tieres gegen das andere keineswegs ein anarchischer Kampf aller gegen alle ist,sondern daß sich in ihm gewissermaßen eine vertikale Revierbildung und Platzbehauptung ausdrückt, die jedem Mitglied der Gemeinschaft seine Stelle in einer Hierarchie anweist. Das Alpha-Tier nimmt den obersten Rang ein, die übrigen ordnen sich in abgestufter Ordnung darunter bis hin zum Omega-Tier, das die unterste soziale Stufe innehält. Keiner dieser Ränge ist erblich oder auch nur lebenslänglich, jeder muß erkämpft und ständig gegen nachdrängende Bewerber gehalten werden. Durch Herausforderung nach oben und durch Rangbestätigung nach unten wird auch diese vertikale Revierbildung in ihren Abgrenzungen durch die Grenzkonflikte deutlich und ist zugleich flexibel, da sie immer den jeweils herrschenden Kräfteverhältnissen entspricht.

Zweifellos ist die Herstellung der angemessenen Hackordnung, d.h. die Erkämpfung und Verteidigung eines vorteilhaften Platzes in der hierarchischen Struktur der Sozietät, bei allen Herdentieren eine wichtige Äußerung des Aggressionstriebs, so daß ihm hier neben Revierbildung und sexueller Rivalität seine dritte wesentliche Aufgabe zufällt. Da diese Rangordnungskämpfe die Gemeinschaft nicht schwächen dürfen, sondern es ihr biologischer Zweck ist, die Aktionsfähigkeit der Gruppe zu stärken, und da sie nicht episodisch auftreten, sondern zum ständigen Verhaltensprogramm eines Herdentieres gehören, hat sich hier im Verlauf der Evolution eine ganz besonders starke Ritualisierung ausgebildet, ein System von Spielregeln, deren Grundmuster erblich einprogrammiert ist, das aber in vielen Fällen durch Erlerntes überformt wird. Vor allem Konrad Lorenz und seiner Schüler haben die Turnierregeln dieser Rangordnungskämpfe bei zahlreichen Vögeln und höheren Säugetieren beschrieben. Wir wissen daher bei einzelnen Tierarten recht genau, wie eine solche Auseinandersetzung verläuft. Im sich begrüßenden Schnuppern der Hunde, im drohenden Knurren, Hochziehen der Lefzen und im Anbellen verlaufen einzelne, sich steigernde Stadien dieses Rituals täglich vor unseren Augen, und es ist weithin bekannt geworden, daß den Abschluß einer solchen Herausforderung oft die sogenannte Demutsgebärde des Unterlegenen bildet, bei der er seine Kehle dem Gegner zum Biß anbietet. Eine »moralanaloge Tötungshemmung«, wie Lorenz es nannte, sorgt dann beim Sieger dafür, daß der Kampf sozusagen durch technischen K.o. abgebrochen wird.

Diese Rangordnungskämpfe sind bei freilebenden Tiergemeinschaften übrigens wesentlich seltener, als man von Käfigbeobachtungen her zunächst annahm. Seit Verhaltensforscher mit Affen, Löwen und Wölfen in freier Wildbahn für längere Zeit zusammenlebten, wissen wir, daß es dort innerartlich recht friedlich zugeht. Auch ein Blick auf einen Affenfelsen im Zoo kann uns dies lehren: die Rangordnung liegt meist über längere Zeiträume fest, d.h. sie wird von allen anerkannt. Statt der Grenzkonflikte gibt es den ständigen, beschwichtigenden Austausch von Anerkennungsgebärden, wie z.B. in der sozialen Hautpflege der Affen und im geruchlich orientierten Begrüßungsritual der hundeartigen Raubtiere. Mit Blick und Wink regelt sich in einer Affenherde ein Großteil des sozialen Miteinanders, eine energische Demonstration der eigenen Macht ist schon selten, eine echte aggressive Auseinandersetzung als ernsthafter Kampf kaum zu bemerken. Hier kann es sogar – ein seltener Fall im Tierreich – dazu kommen, daß soziale Ranghöhe überhaupt nicht mehr durch Körperkraft legitimiert ist: Bei Schimpansentrupps wurde von Adrian Kortlandt beobachtet, daß ranghohe, aber kranke oder verletzte Tiere ihr Sozialprestige weiterhin behalten, ebenso alte Mitglieder der Gemeinschaft, die weiterhin als Leittier fungieren können, wenn sie längst nicht mehr die stärksten sind.

Sehr weit geht diese ritualisierte und verfeinerte soziologische Differenzierung auch bei manchen Vögeln. Wie Konrad Lorenz mit Helga Fischer in Seewiesen in den letzten Jahren feststellte, haben die Mitglieder jeder Graugans-Gemeinschaft eine klare Rangordnung, die auch Außenstehenden deutlich wird, so daß auf einem See jedes Tier von jedem anderen die Gruppenzugehörigkeit und die Ranghöhe kennt und respektiert. Bei den Dohlen schließlich überträgt sich der Rang des Männchens nach der Verpaarung auf sein Weibchen und verbleibt diesem auch dann, wenn es Witwe wird. Offensichtlich haben gesellig lebende Tiere stark ausgeprägte Fähigkeiten, soziale Gefüge nicht nur herzustellen, sondern auch zu erkennen und sich in sie einzuordnen, weshalb diese Tiere sich dann auch als Hausgenossen des Menschen schnell an dessen Familienstruktur anpassen. Ein Hund weiß meist sehr bald, wer der Herr im Hause ist, wer dessen Freund oder Feind; eine Katze hat keinerlei Organ dafür.

Die Äußerungsformen des aggressiven Verhaltens sind in der Tat wesentlich modulationsfähiger als die des sexuellen, wir sind noch weit davon entfernt, sie bei den Tieren in vollem Umfang zu überblicken. Gerade der Wolf, dessen domestizierte Nachkommen uns als Haushunde so nah und vertraut sind, erweist sich bei näherer Erforschung seines Freilandverhaltens als Musterbeispiel für eine überaus komplizierte Gesellschaftsstruktur, in der die revierbildenden, sexuellen und hierarchischen Funktionen des Aggressionstriebes in verwickelter Weise miteinander verknüpft sind. So hatte schon vor längerer Zeit der Baseler Verhaltenskundler Schenkel beobachtet, daß die berühmte Demutsgebärde der hingehaltenen Kehle allenfalls im Spiel der Jungtiere eine Unterlegenheit signalisiert, bei den Rangordnungskämpfen dagegen ganz im Gegenteil eine Machtdemonstration des Stärkeren ist, der seinen Herausforderer dadurch in die Schranken weist, daß er ihn bloßstellt und »blamiert«, wie wir sagen würden. »Hier ist meine Kehle, aber du wirst nicht zubeißen, denn du hast Angst – und das mit Recht, denn *ich* bin der Stärkere!«

In den seltenen Fällen aber, wo gleichstarke Tiere aufeinandertreffen, kann es durchaus um Leben und Tod gehen; es wird dann kein Pardon gegeben, das sportliche Ritual der Demutsgebärde und Tötungshemmung fällt weg, und die Aggression entlädt sich ganz ungehemmt. Erik Zimen, ein deutscher Verhaltensforscher, der seit drei Jahren in einem einsamen holsteinischen Forst mit Wölfen experimentiert, sah solche Kämpfe zweimal zwischen weiblichen Wölfen entbrennen. Er berichtet auch, daß es in Wolfsrudeln getrennte Rangordnungen für die männlichen und die weiblichen Mitglieder gibt. Nur der ranghöchste Rüde und die ranghöchste Fähe werden im späten Winter sexuell aktiv, bei allen anderen Tieren wird Sexualität vom Rudel sofort unterdrückt. Die geschlechtliche Zuchtwahl ist hier also doppelt mit der Rangordnung gekoppelt und zweifach gesichert: nur das stärkste Paar pflanzt sich fort, alle anderen Tiere des Rudels beteiligen sich dann an der Aufzucht der Jungen dieses einen Paares.

Damit sind wir bei einem weiteren Funktionskreis der Aggression angelangt, der zwar seltener auftritt, aber bei den höchst organisierten tierischen Gesellschaften eine ganz besondere Rolle spielt: in der Beziehung zwischen Jungtieren und Erwachsenen, vor allem den Elterntieren, muß die Aggression von beiden Seiten her die Ablösung besorgen, die auf die starke frühkindliche Bindung zu folgen hat, wenn das Jungtier sozial selbständig werden soll. In Affenversuchen zeigte sich im Anschluß an die erste Phase ungehemmter »Affenliebe« regelmäßig eine zeitlich scharf umgrenzte Ablösungsphase, in der die Mutter ihr Kind von sich weg und sozusagen in die Welt hinein stößt. Gleichzeitig beginnt das Kind zunehmend, das Rangordnungsritual gegen seine eigene Mutter einzusetzen, gerät also in eine aggressive Trotzphase. Mit der so anlaufenden sozialen Revierbildung wird der Affe zum vollwertigen erwachsenen Mitglied der Gruppe, und *nur* so kann er es werden. Aggression zeigt sich hier in ihrer positivsten Form: Sie ist die Antriebsstruktur, die Abstand schaffen will, von Freund und von Feind, weil das Individuum diesen Abstand braucht, um überhaupt selbständig handeln zu können.

Wie nahe dies alles unserem eigenen menschlichen Antriebserleben ist, wie sehr wir alle diese tierischen Phasen und Funktionskreise der Aggression als unsere eigenen wiedererkennen, liegt auf der Hand. Fast war es unvermeidbar, daß wir zur angemessenen Beschreibung dieser Vorgänge bei den Tieren auf Ausdrücke aus unserem eigenen Leben zurückgriffen: Sport, Turnierkämpfe, Spielregeln, Konkurrenz, Revierverteidigung, Rangordnungen, ritualisierte Anerkennungsgesten, elterliche Autorität und kindlicher Trotz ... – sind es unerlaubte Übertragungen, wenn wir hier in den Nuancen tierischer Aggression unser eigenes Miteinander und Gegeneinander wie in einem Spiegel zu erblicken meinen?

Wir haben keinen Anlaß, daran zu zweifeln, daß unsere biologische Verwandtschaft mit den Tieren, die wir im Antriebsgeschehen der Sexualität durch das gleiche Grundmodell bestätigt gesehen hatten, sich nicht auch in der gemeinsamen Grundstruktur des Aggressionstriebes deutlich machen würde. Bei Rindern, Affen und Menschen läßt sich Aggression in unkontrollierter, überflutender Form durch elektrische Reizung entsprechender Gehirnzentren experimentell hervorrufen und »einschalten«, bei Mäusen, bei Affen wie bei Menschen kann ein psychischer Reiz – z.B. das Zusehen bei Gewalttaten, die andere Artgenossen verüben – den Gehalt an Nervenhormon Noradrenalin im Gehirn senken und damit auch die Reizschwelle, so daß eine überreizte, zur eigenen Aggression aufgelegte Stimmung eintritt. Und schließlich kann es bei gestörter Entfaltung des Aggressionstriebs bei Mensch und Tier zu ganz ähnlichen Verhaltensstörungen kommen, worauf wiederum die Psychologin Christa Meves als erste hinwies. Selbstzerstörerische Handlungen am eigenen Körper – Nägelkauen und Haarausreißen bei Kindern, übertriebenes Lecken, Beißen und Selbstverstümmelung bei Zootieren – sprechen eine deutliche Sprache: Wo ein Trieb bei behinderter Entfaltung so vergleichbares Fehlverhalten zeigt, muß angenommen werden, daß er auch im Normalzustand natürlicher Entfaltung vergleichbare Struktur besitzt.

Doch muß hier einer Sonderheit gedacht werden, die einen Vergleich menschlicher und tierischer Aggression sogleich wieder erschwert. Anders als bei der Sexualität, bei der das animalische Triebziel der genitalen Endhandlung auch beim Menschen voll erhalten geblieben ist, tritt für uns im Bereich der Aggression der direkte Vollzug mit Händen, Füßen und Zähnen ganz in den Hintergrund und stellt lediglich die frühkindliche und primitive Stufe möglichen Verhaltens dar. Der Werkzeuggebrauch, die Herstellung von Waffen und damit die technisch verfeinerte Aggression, ist ja gerade das entscheidende und die Evolution so enorm beschleunigende Merkmal des Menschen gewesen, und auch seine anderen Artmerkmale, die Sprache und das einsichtige

Handeln, treten in den Dienst dieses Triebes. Denn mit Faustkeilen, spitzen Pfeilen, Maschinengewehren und Atombomben, aber auch mit seiner »spitzen Zunge«, mit Beschimpfung und feindseligem Handeln, das dem anderen mit List und Heimtücke schaden will, kann der Mensch nun seine innerartliche Aggression vollziehen. Alle diese Mittel vergrößern die Reichweite und Tiefenwirkung unserer Aggression ganz erheblich. Sie eigentlich machen den Menschen erst zum *Homo homini lupus.* Gäbe es Aggression unter Menschen nur in der naturgemäßen Form, auf die unsere Auslöser- und Hemmungsmechanismen eingerichtet sind, nämlich als Faustschläge, Fußtritte und Bisse, so würden wir doch im ganzen ein recht friedliches Leben führen können. Daß die Menschheit es nicht tut, vielmehr sich stündlich »peinigt, auszieht, anfällt, abwürgt und frißt«, wie wir es eingangs von Brecht zitierten, scheint deutlich zu machen, daß die Artmerkmale, die uns so hoch über die Mitgeschöpfe erheben, zugleich die Gefahr bringen, daß wir uns als einzige Lebewesen der Erde selbst ausrotten. Der Umgang mit Sexualität mag das Problem des einzelnen oder auch, wie in der gegenwärtigen Sexwoge, ganzer Generationen und Völker sein – der rechte Umgang mit der Aggression wird darüber hinaus zur Schicksalsfrage der Menschheit. Aggression hat die Evolution angekurbelt, und sie kann sie wieder zu Fall bringen, ja man braucht einigen Optimismus, um diesen Fall nicht mit ziemlicher Gewißheit bereits auf uns zukommen zu sehen.

Hier bleibt nur die Hoffnung, daß der Mensch wieder zum biologisch sich angemessen verhaltenden »Herdentier« wird, d.h. mit seinen Aggressionen wieder umzugehen lernt. Die Chance besitzen wir, da wir als einzige Lebewesen die Hintergründe und die Folgen unseres Handelns überblicken können und da wir wissen, daß der Umgang mit unseren Antrieben in einem Erziehungsvorgang erlernt wird, zu dem unsere extrem verlängerte Kindheit und Jugendperiode uns mehr Zeit zur Verfügung stellt als irgendeinem anderen Herdentier.

Wie der Reifungsvorgang des Aggressionsverhaltens normalerweise beim Menschen vor sich geht und welche Gefahren der Fehlprägung und falschen Programmierung auf diesem Wege lauern, weiß die Psychologie durchaus. Seit Freud unterscheidet man hier einige wichtige Phasen im Verlauf der Kindheit; es sind im Prinzip die gleichen, die wir bei der Reifung zur erwachsenen Sexualität kennenlernten. Im ersten Lebensjahr wird eine infantil-orale Aggressionsphase erkennbar, in der das Naturwesen

Säugling beißend, schnappend und lutschend seine Angriffs- und Einverleibungswünsche entfaltet, wobei es gewöhnlich auf wenig Widerstand trifft. Doch mit der beginnenden Sauberkeitsgewöhnung als der ersten *Sozialforderung*, die ihm entgegentritt, wächst sein eigener Widerstand und kann nun die Form heftiger, zerstörerischer Ausbrüche annehmen: Die erste Trotzphase, die sogenannte analsadistische Aggressionsstufe, wird in der Dreijährigkeit erreicht. Die anschließende »phallische« Phase der Fünfjährigkeit trägt die Züge ödipaler Rivalitäts-Aggression, deutlich vor allem in der Beziehung des Jungen zu seinem Vater, von dem nun eine erste Ablösung erfolgt, die ein Rangordnungskampf ist, der zugleich die Spielregeln der menschlichen Hackordnung lehrt und die Einordnung in soziale Strukturen übt. Meist ist die gleichzeitige Revierbehauptung gegenüber den Geschwistern in diesem Alter der ernsteste und engagierteste Selbstbehauptungsprozeß. In der folgenden Phase vom 6. bis zum 12. Lebensjahr wird dann die Aggression zu ihrer intellektuell zupackenden Variante kultiviert; Lernprozesse bereiten auf die Übernahme der späteren Erwachsenenrolle vor. Schließlich bringt die Pubertät die eigentliche Ablösung von den Bindungen und Werten der Kindheit; sie wird zum schmerzlichen Abschied von allen bergenden Strukturen und zum Beginn des Eigenlebens und des Kampfes um eigenen Rang in der Gesellschaft der Erwachsenen.

Auf diesem komplizierten und leicht störbaren Entwicklungsweg zu reifer Aggressionsfähigkeit kann es zu schweren Hemmungen und Schädigungen kommen, mehr noch als auf dem zur reifen Sexualität. Denn während der Entwicklung des Sexualtriebes heute eine große aufklärerische Bereitschaft eifrig entgegenkommt, ist unsere Gesellschaft in Hinblick auf ihre eigene, oft verklemmte und verbogene Aggressivität und in bezug auf die ihrer heranwachsenden Kinder und Jugendlichen unsicher und unaufgeklärt. Bei den ersten Sozialforderungen, vor allem der Sauberkeitsgewöhnung, trifft das Kind heute oft noch auf unerbittliche elterliche Strenge; sein Trotz wird mit massiver Gegenaggression, mit hartem Machtkampf, beantwortet, und oft genug wird der kindliche Wille so nachhaltig gebrochen, daß lebenslängliche Aggressionshemmung als seelischer Schaden davongetragen wird. »Das Kind ist eben nicht nur Liebesobjekt«, bemerkt Alexander Mitscherlich, »sondern auch ein bevorzugtes Objekt für Quälerei und Tyrannei.«

Andererseits trifft das Kind auch bei extremen Grenzüberschreitungen oft nicht mehr auf ausreichenden Widerstand, den es als zwar verständnisvolle aber verteidigungsbereite Revierbehauptung der Erwachsenen dringend benötigt, um selbst Revierbehauptung und Verteidigungsbereitschaft zu erlernen. Denn viele Eltern meinen, durch moderne soziologische Theorien verwirrt, ihr angemessenes Elternverhalten habe darin zu bestehen, daß sie nun statt der freigegebenen Sexualität ihre eigene Fähigkeit zur Aggression hinter einem Feigenblatt verbergen. Die »vaterlose Gesellschaft«, auf deren Gefahren Mitscherlich hinwies, ist eben die, deren Männer in ihrer Jugend die Ödipus-Situation nicht mehr erlebten, in der ein Vater und seine Autorität in Haß-Liebe erlitten und bewältigt wurde und die daher auch nicht lernen konnten, mit der eigenen Aggression und fremder Autorität als Erwachsene reif und vernünftig umzugehen.

Hier liegen große Gefahren für uns und zukünftige Generationen, doch ist die klare Erkenntnis solcher Bedrohung schon der erste Schritt zu ihrer Bewältigung. Eine moderne, an den Erkenntnissen der Psychologie ausgerichtete Erziehung würde die Gefahren bannen können.

Doch ist es damit nicht getan. Wenn eine richtige Erziehung uns wieder so weit brächte, daß wir und unsere Kinder trotz der spitzen und tödlichen Waffen in unseren Händen mit der innerartlichen Aggression umzugehen lernten, so daß sie zum Aufbau des Lebensraums für den einzelnen und zugleich zur Gliederung unserer Gesellschaft diente, so wäre allerdings auch der Mensch wieder ein rechtes Herdentier, wie er es vor der Erfindung des Faustkeils war. Er würde mit seinen gesunden und ausgereiften Antrieben eine Sozietät errichten, die nicht schlechter wäre als die einer Affenhorde. Das wäre schon sehr viel, aber unsere Ziele gehen doch weiter: Müßte nicht in einer Gesellschaft von so vielen, die als Einzelne in ihrer Fähigkeit zu einsichtigem Handeln jedem Menschenaffen weit überlegen sind, auch das innerartliche Miteinander über der Ebene einer Tierherde liegen? Muß nicht so wie der Sexus sich zum Eros erhöht und uns vom Diener zum Herrn der Artgesetze machen kann, auch die Aggression sich in uns erhöhen zu ganz anderen Formen als nur denen einer kultivierten und disziplinierten Biologie unserer Antriebe?

Wenn wir so fragen, wird unser Blick wie vorher schon bei der Sexualität auch bei der Aggression auf unser *Schamgefühl* gelenkt. Wir hatten in ihm die Kraft kennengelernt, die Geschlechtlichkeit zu liebender Partnerschaft erhöhen hilft. Auch unserer

Aggression schämen wir uns, auch hier unterscheiden wir uns ganz zuverlässig vom Tier. Angst vor fremder Aggression, und daher auch vor der eigenen, ist sozusagen die zoologische Grundstruktur, die als Gegengewicht das Gleichmaß wahren hilft. Scham dagegen ist die humane Instanz, die über Aggression und über Angst gleichermaßen zu Gericht sitzt: Wir schämen uns eines wütenden, überschäumenden Angriffs, und wir schämen uns einer ängstlichen Zurückhaltung. Vor allem aber schämen wir uns, daß unser Recht auf Aggression den anderen als Unrecht widerfährt. Wir leiden unter dem biologischen Zwang, in einer Hackordnung mit dem aggressiven Ritual, mit Eifersucht, Neid und Mißgunst nach oben, mit Stolz und Mißachtung nach unten zu reagieren, wir erschrecken über die aggressiven Gedanken, die in uns auftreten können und in denen wohl jeder von uns schon zum Kain wurde, der seinem Bruder den Tod wünschte. Denn wir wissen sehr wohl die Antwort auf seine trotzige Frage: »Soll ich meines Bruders Hüter sein?« Ja, gewiß sollte jeder von uns das sein, und wer es nicht ist, schämt sich seiner Aggression, die ihn daran hindert.

Im Verzicht auf die Vorrechte, die unsere Aggressionskraft uns durchaus verschaffen könnte, wird uns auf einem Wege, den das Gewissen uns leise, aber unüberhörbar weist, eine ganz andere Struktur als die Hackordnung möglich: eine Liebesordnung, in der der einzelne nicht durch die Kraft kenntlich wird, mit der er sich Rechte von anderen nimmt, sondern durch die Reife, mit der er aus Liebe zu den anderen auf eigene Rechte verzichten kann. Dann erst löst sich die Aggression aus ihrer Verkrampfung um unser Ich und wird zu ihrer eigentlichen humanen Aufgabe befreit: als schöpferisch-geistige Kraft packt sie die Welt an, um sie zu gestalten. Sie wird zur geballten Energie, die als Blitz in das Chaos fährt, um es zu spalten in Finsternis und Licht.

Jeder hat sich zwischen beiden zu entscheiden, aber was Gut und Böse eigentlich ist, kann niemand wissen; so lehrte es Zarathustra die Perser. Der Jahwist berichtet anders: im Mythos der Genesis ist dieses Wissen dem Menschen zwar möglich, aber verboten. Ausdrücklich wird es Adam gesagt, noch ehe er seine Gefährtin Eva erhält, daß er nicht essen darf vom Baum der Erkenntnis des Guten und Bösen, und eine harte Strafe ist ihm angedroht, falls er das Gebot übertritt: »An dem Tage, da du von ihm issest, mußt du sterben!« Als sein Weib erschaffen ist, gibt Adam dieses Verbot an sie weiter, aber die Schlange verführt beide, und im Sündenfall entdecken sie ihre Nacktheit und verlieren das Paradies.

Dieses alte Bild hat neben den Theologen auch die Philosophen und Wissenschaftler von jeher beschäftigt, und zahllos sind die Deutungen, die der Sündenfall erfuhr. Ist es die Erkenntnis an sich, die den Menschen aus dem Paradies vertrieb, sind »Gut und Böse« nur ein Symbol für »alles«, und ist »erkennen« nur eine Metapher für »machen«? Ist die Urkatastrophe gemeint, die den Menschen vom Vegetarier zum Fleischfresser und Kannibalen machte, wie es der Anthropologe Eisler sah, oder der Verlust instinktiver Spontaneität und Sicherheit durch die Aussetzung in die Mühsal der Entscheidung, wie Arnold Gehlen vermutet? Oder ist es das Innewerden seiner Sexualität, das den Menschen von nun an zwingt, Staub zu fressen, »und mit Lust«, wie Mephisto höhnt, wie Freud es als Anlaß für Verdrängungen und Schuldgefühle sah und wie es die christliche Theologie jahrhundertelang in ihrer Ablehnung des Fleisches und des Diesseits verstanden hatte?

So sehr das Bild des Sündenfalls die Wissenschaft vom Menschen fasziniert als Gleichnis, so wenig läßt es sich doch in solchen Ansätzen ganz auflösen. Es bleibt verwirrend und entläßt uns ratlos: Wer betrügt, wer ist der Betrogene? Hatte die Schlange nicht recht, wird sie nicht glänzend rehabilitiert? »Sterben, sterben werdet ihr nicht, sondern Gott ist bekannt, daß am Tage, da ihr davon esset, eure Augen sich klären ...«, hatte sie verheißen, und genauso geschah es. Aber waren sie deshalb geworden *wie Gott, erkennend Gut und Böse?* Erkannt hatten sie doch nur, daß sie nackt waren und, da sie sich dessen schämten, allenfalls diese Nacktheit als böse, waren sie deshalb wie Gott? War das denn überhaupt etwas Göttliches, Übermenschliches, Gut und Böse zu erkennen, besaßen sie diese Kenntnis nicht schon vorher, da sie doch Gebote kannten und achteten oder bangen Herzens übertraten? Hatte also Gott sie betrogen und die Schlange ihn entlarvt, oder war die Schlange die Betrügerin, die ihre gerechte Strafe von Gott erfährt?

Einen wissenschaftlichen Ansatz zur Klärung des moralischen Problems können wir nur gewinnen, wenn wir untersuchen, was *Gut und Böse* eigentlich bedeutet. Offensichtlich ist dieses Begriffspaar mehr als nur eine Umschreibung für »alles«, es sind zwei Urteile in einem Wertsystem. Für unsere Zoologie des Menschen stellt sich daher die Frage, ob und wie solche Werturteile wissenschaftlich faßbar werden, ob es eine naturwissenschaftliche Erklärung für Moral gibt oder was sonst von einem solchen System der Qualitäten zu halten ist. Diese Aufgabe ist nicht leicht, denn wie sehr hier im Alltag des Denkens und Handelns die Begriffe durcheinander gehen, das zeigt allein die unterschiedliche Verwendung der Worte: *gut* und *böse* trennen wir, aber auch *gut* und *schlecht* oder *gut* und *falsch,* und es ist gewiß, daß dieses *gut* jedesmal etwas ganz anderes meint. Wir müssen das Begriffspaar *richtig* und *falsch* als Beschreibung der Erfassung logischer Zusammenhänge unterscheiden von *angemessen* und *schlecht* als Leistungsstufen des Handelns und von *gut* und *böse* als Werturteilen einer richtenden Instanz. Wir werden genau zu prüfen haben, welche dieser Bezeichnungen eigentlich zutreffend ist, wenn wir das Verhalten der Tiere und des Menschen vergleichend betrachten und dabei nach der biologischen Wurzel der Moral und nach ihrer subjektiven und objektiven Aussage fragen.

Zunächst wollen wir es uns einfach machen, uns selbst als die richtende Instanz einsetzen und unser subjektives Wohlergehen zur Richtgröße machen. Dann gewinnen wir einen ersten wissenschaftlich klaren Ansatz: *gut* ist, was uns *gut tut,* was wir als positiv, lustgetönt empfinden; *böse* ist das Gegenteil, die schmerzliche Minusvariante unseres Empfindens. Dieses einfache Werturteil der lust- oder schmerzgetönten Erfahrung ist nichts anderes als die Grundlage des Empfindungsvermögens überhaupt, hier hätten wir also die Empfindungsseele des Aristoteles und damit ein allgemein-tierisches Seelenvermögen, das keines Bewußtseins bedarf, keiner intelligenten Einsicht, und das uns mit den Tieren gemeinsam als biologischer Besitz sicher ist.

Gewiß kann daher das, was uns als gut und böse widerfährt, nicht der Gegenstand des menschlichen Sündenfalls sein, aber wir haben hier einen Ausgangspunkt, um uns auf den Weg zum Verständnis der Moral zu begeben.

Es bedarf nur der Vorstellung, daß ein Lebewesen aus der punktuellen Wirklichkeit seiner Gegenwart heraus und reflektierend in die Dimension der Möglichkeiten eintritt, also Gedächtnis für Vergangenes und Erwartung für Zukünftiges entfaltet, um einen Schritt weiter zu kommen. Denn nun erweitert sich auch gut und böse zu den subjektiven Werturteilen für zeitlich Distanziertes. Gut nennen wir, was als Lust erhofft, böse, was als Schmerz gefürchtet wird. Hoffnung und Furcht werden zu den Parametern im Feld der Möglichkeiten von Schmerz und Lust. Dabei ist es letztlich gleichgültig – obwohl es ganze Systeme der Philosophie unterscheidet –, ob wir Schmerz als Abwesenheit von Lust oder Lust als fehlenden Schmerz betrachten, Furcht vor dem Verlust des Guten und vor dem Erleiden des Bösen steht gegen Hoffnung auf das Erlangen des Guten und auf das Vermeiden des Bösen. Jedes Lebewesen, das sich auch in diesem zweidimensionalen Feld der Erlebnis-Möglichkeiten richtig und angemessen handelnd bewegen will, muß in der Lage sein, Erfahrungen zu machen und für sein Verhalten zu verwerten, d. h. es muß lernfähig sein.

Diese Lernfähigkeit konstatieren wir tatsächlich in weitem Umfang, wenn wir das Reich der Tiere überblicken – sie scheint ein Merkmal tierischer Organisation überhaupt zu sein und ist keinesfalls an ein Bewußtsein gebunden. Auch niedere Tiere lernen, sind experimentell durch Strafe oder Belohnung dressierbar und sammeln und verwerten Erfahrungen. So kompliziert dieser Prozeß ist, wir haben heute sogar erste Einblicke in seine physiologischen, biochemischen Details. Individuell vorgeformte Vermeidungs- oder Erwartungsverknüpfungen lassen sich in Form komplizierter Eiweißkörper, als Gedächtnismoleküle, einem Lebewesen abzapfen und einem anderen wirksam übertragen. Die Dressur wird mit solchen Molekülen übernommen, sinnvoll, d. h. unter Vermeidung möglicher Schmerzen und unter bestmöglicher Erlangung möglicher Lust, handelt das Lebewesen, das diese biochemischen Informationen eingespritzt erhält, und dem Experimentator bleibt es überlassen, ob er solches Verhalten nun einfach *angemessen* nennen will oder ob er es im Hinblick auf seine eigene Logik als *richtig* bezeichnet. Unnötig, aber nicht unzulässig wäre es, wenn wir es außerdem gut nennen würden, nämlich gut für das handelnde Tier, aber es ist uns klar, daß diese Ausdrücke hier zunächst noch eine ganz unverbindliche Übertragung aus unserem eigenen Wertdenken bedeuten.

Ein weiterer Schritt in der Evolution tierischen Verhaltens ist die Übernahme von Reaktionsabläufen in die Erbinformation, d.h. die angeborene Programmierung in der Auswahl von Möglichkeiten. Aus dem Guten, das erstrebt wird, wächst das Richtige, das sich sozusagen von selbst tut. Zahlreiche Funktionen und Reaktionen beim Tier und bei uns bedürfen keiner individuellen Erfahrung von Schmerz und Lust, sondern verlaufen bereits beim erstenmal in der angemessenen Richtung. Sowohl die urteilende Intelligenz wie etwa gar eine wertende Norm-Instanz sind dann unnötig und von ihrer Aufsichtspflicht an dieser Stelle entbunden. Für das ganze Feld des antriebsgesteuerten Verhaltens gilt diese Situation: Sowohl durch angeborene Auslösermechanismen des inneren und äußeren Reizklimas veranlaßte wie durch zusätzliche Prägung überformte Instinktabläufe können wir, wo immer sie uns bei den Tieren entgegentreten, vernünftigerweise nur nach ihrem gestörten oder ungestörten Ablauf, nur als krank oder gesund beurteilen. *Gut* ist das Verhalten eines seine Jungen pflegenden Tieres, dessen Verhaltensinventar erblich festliegt, also höchstens in dem Sinne, wie wir auf die Frage nach unserer Gesundheit sagen können, sie sei gut! *Böse* ist an der aggressiven Reaktion eines Hundes gegen einen fremden Menschen nur soviel, wie diesem Menschen an Bösem geschieht, den Hund selbst aber müßten wir für krank erklären, wenn er diese ihm angeborene Verhaltensweise nicht gezeigt hätte. Gerade an der Naturgeschichte der Aggression hat Konrad Lorenz sehr nachdrücklich bewiesen, daß das »sogenannte Böse«, wie es uns im aggressiven Verhalten der Tiere entgegentritt, dieses Werturteil nicht verdient, sondern ein angemessenes, richtiges und gesundes Verhalten ist, das sogar einen deutlich erkennbaren biologischen Zweck hat. Für andere Antriebsbereiche gilt das gleiche: tierische, d.h. reine (!) Sexualität als gesunder Triebablauf kann nicht als böse oder sündhaft bezeichnet werden, wenn wir diese Ausdrücke für einen sinnvollen Gebrauch, nämlich für eine Möglichkeit menschlichen Verhaltens verfügbar halten wollen.

Wir können bei dieser Naturgeschichte des Sündenfalls, in dessen Vorhof wir die Handlungsabläufe der Tiere zu überprüfen haben, noch einen Schritt weiter gehen. Es zeigt sich nämlich, daß es beim Tier möglich ist, durch Eingriff von außen, durch Dressur, eine Instanz aufzubauen, die mächtiger wird als die

Handlungsimpulse der angeborenen Antriebe. Daß ein Löwe fähig werden kann, den Kopf seines Dompteurs in seinem geöffneten Maul zu ertragen ohne zuzubeißen, ist durch die Hoffnung auf anschließende Belohnung nur unzureichend erklärt. Auch das Lernen durch Bestrafung, wenn der Kopf abgebissen ist, dürfen wir hier ausschließen. Es muß also zu einer wirksamen Blockierung des Triebgeschehens gekommen sein, wie wir es auch beim innerartlichen Zusammenleben in freier Wildbahn durchaus kennen. Über das Nicht-Zubeißen in die hingehaltene Wolfskehle hatten wir bereits gesprochen, und gerade hier, wo man zunächst an eine Art erblicher Kieferklemme gedacht hatte, erwies sich, daß eine echte Angst, nicht etwa ein angeborenes Unvermögen am Werk ist. Diese Angst will Unannehmlichkeiten mit dem ranghöheren Herdenmitglied, mit der Autorität, vermeiden und orientiert so das eigene Handeln an der Erwartung des anderen. Der dressierte Löwe beißt also beim Dompteur aus dem gleichen Grunde nicht zu wie der unterlegene Wolf bei der scheinbaren Demutsgebärde des Alpha-Tieres: Beide erhoffen sich keine Belohnung, sondern sie respektieren den sozialen Status, beide vollziehen eine Anerkennungsgebärde gegenüber der Autorität. Sie handeln damit biologisch sinnvoll, aber mit Recht nannte Konrad Lorenz dieses Verhalten »moralanalog«: Das Indiz einer Moral, die Freiwilligkeit, fehlt noch gänzlich.

Denn diese Anerkennung des Ranghöheren erfolgt durchaus zwangsläufig und nach angeborenem Programm, sie geschieht sozusagen zähneknirschend. Ist die Ranghöhe etabliert, ist der Abstand groß, so kann sogar ohne weitere Hackordnungskämpfe eine langfristige Fixierung erfolgen, auch die Signale der Macht werden dann anerkannt. Das Alpha-Tier braucht sein Revier nur noch durch Duft zu markieren, der Dompteur braucht nur noch symbolisch mit der Peitsche zu knallen – wer nicht gerade ein Wilhelm Tell ist, der grüßt auch den Hut des Mächtigen auf der Stange. Wollen wir vorsichtig sein mit der Vermutung, ob es ein Ich bei den Tieren gibt, so können wir hier doch sagen: Auf das handelnde »Es«, das beim Tier die Summe seiner Triebabläufe darstellt, setzt sich ein Über-Es, nämlich die internalisierte Autorität des ranghöheren Herdengenossen. Von ihm gehen nun – fast wie von einem Gewissen – die Entscheidungen über das Handeln aus. Suchen wir nach der richtigen Bezeichnung für die Alternativen dieses Handelns, so müßten wir in Anlehnung an die Psychologie von angepaßt oder nicht angepaßt sprechen. Ein Blindenhund, der seinen Herrn sicher um die Hindernisse leitet, handelt daher nicht »gut«, sondern in gesunder, durch Dressur erlernter Anpassung an sein Über-Es.

Die nächste Stufe der Evolution zur Fähigkeit wertenden Handelns wäre die Erreichung eines Ich-Bewußtseins, das als personale Instanz eine richtende Rolle übernähme. Wir wissen nicht, ob diese Stufe bei den Tieren erreicht wird, aber wir haben allen Grund zur Annahme, daß bei den höchstentwickelten Säugetieren mit großem und reich strukturiertem Vorderhirn – also bei Menschenaffen, aber auch bei den Delphinen – unserem Ich-Bewußtsein vergleichbare Erscheinungen zumindest in ersten Anfängen vorhanden sind. Die Tiere selbst teilen uns über ihr Innenleben nichts mit, Verhaltensäußerungen aber erlauben nur indirekte Schlüsse. Doch ist diese Frage nicht unser Problem: Erkennen wir die psychische Innenwelt des Menschen richtig und beschreiben wir sie biologisch zutreffend, so gibt uns das Gesetz der Evolution den Schlüssel in die Hand, rückblickend den Zustand zu erschließen, in dem sich unsere auf der Stufe unserer Vorfahren stehenden Verwandten aus dem Tierreich befinden. Wir dürfen gewiß sein, daß sich die Anfänge unserer moralischen Talente spätestens im Tier-Mensch-Übergangsfeld zwischen den Gattungen Australopithecus und Homo entfaltet haben wie alle anderen Menschenmerkmale auch.

Wenden wir uns also der Spezies von Lebewesen zu, der die ganze Bemühung unserer Zoologie des Menschen gilt, uns selbst! Wir dürfen mit Sicherheit erwarten, zunächst einmal auch alle Vorformen wertenden Handelns hier zu finden, die unser mit den Tieren gemeinsamer biologischer Besitzstand sind. Unser Es ist nicht schwächer entwickelt als das der Tiere, sondern bildet die Basis unserer physischen und psychischen Gesundheit und damit die Grundvoraussetzung unserer Existenz. Bei uns, deren Artmerkmal das einsichtige Handeln ist, besteht sogar eine ganz besondere Verstandesstärke, die uns auch in unübersichtlichen und komplizierten Situationen noch gestattet, so zu handeln, daß Unlust und Schmerz vermieden und Lust und Befriedigung erreicht werden. Unsere Intelligenz ist wie eine hochentwickelte Rechenanlage sogar imstande, mehrere mögliche Abläufe im voraus durchzuspielen und den besten Erfolg zu kalkulieren, was uns allen anderen Lebewesen überlegen macht. Allerdings ist dies keine echt menschliche Leistung: Jeder Computer ist auch uns darin noch haushoch überlegen. *Konsequenz in der Handlungsfolge,* wie der Zoologe Rensch diese Fähigkeit zu intelligentem Handeln nennt, ist eine Leistungsstufe, die sich bei einem bestimmten Grad der Komplikation im Zentralnervensystem der Lebewesen einstellt. Alles bleibt hier noch im Bereich der logischen Urteile *richtig* und *falsch,* alles ist noch »diesseits von Gut und Böse«.

Auch bei uns finden wir – als technischen Fortschritt in diesem Apparat intelligenter Leistungskontrolle – die Formen des angeborenen Verstehens und der programmierten Vorentscheidungen entwickelt. Was Kant für die Kategorien unserer Vorstellung und Erkenntnis theoretisch erschloß, konnte Konrad Lorenz im Bereich der Instinkthandlungen durch die Entdeckung der angeborenen Auslösermechanismen praktisch nachweisen. Sein berühmtes Kindchen-Schema ist ein Beispiel dafür, aber auch andere erbliche Erfahrungsmodelle und Erwartungshaltungen für Freund und Feind, für Geschlechtspartner, für Ranghöhe eines Herdenmitglieds, für Artgemäßes und Abartiges, für Anziehendes und Ekelerregendes lassen sich in unserem Verhalten nachweisen. Wir sahen bereits, daß diese Strukturen entweder starr festliegen oder aber einer nachträglichen Überformung und Prägung bedürfen, oder eines Lernprozesses, der sie mit konkreten Inhalten füllt. Jedenfalls aber sind es, wenn sie funktionieren, fertige Programme unseres unbewußten Urteilens, sind Vor-Urteile unseres Es, das mit dem der Tiere vergleichbar ist und gänzlich diesseits von *Gut* und *Böse* bleibt.

Daß eine Mutter ihr Kind aufopfernd und hingebend pflegt, ist in dieser Sicht zunächst einfach die aus dem mächtigen Auslösermechanismus des Kindchen-Schemas folgende Triebhandlung, die wir als gesund – nicht aber als *gut* – beurteilen müssen. Daß ein Mensch sich gegen seinen schwächeren oder fremden Nachbarn durchsetzen und sich aggressiv ihm gegenüber in der Rangordnung erhöhen will, müssen wir daher von der biologischen Basis her ebenfalls als einen gesunden Antrieb bezeichnen, der einem ererbten Programm folgt und daher nur ein *sogenanntes Böses* ist, jedenfalls solange es sich zwanghaft überflutend äußert als Handlung eines mächtigen Es. Tatsächlich werden wir einem Menschen, dem der ungehemmte Triebstatus eines Tieres nachgewiesen wird, die Unzurechnungsfähigkeit zugestehen und damit bestätigen, daß sein böses nur ein falsches, ein ungesundes Handeln war. Damit wird klar, was eigentlich menschlich und dem Tier gegenüber neu ist im Umgang mit den angeborenen Antrieben: das zurechnungsfähige Handeln, d. h. die willentliche Entscheidung für oder gegen ein angeborenes Antriebsprogramm. Daß wir solcher Entscheidungen fähig sind, ist Voraussetzung für alle Werturteile im menschlichen wie auch für alle Rechtsprechung im juristischen Sinn; wir alle erleben in uns diese Fähigkeit als Gefühl der Freiheit, und wir sind von ihr subjektiv so überzeugt, daß wir es getrost den Philosophen überlassen können, darüber nachzudenken, ob es diese Freiheit auch objektiv wirklich gibt.

Eine Mutter pflegt und liebt ihr Kind nicht, *weil* sie es gemäß dem Kindchen-Schema als niedlich empfindet, sondern sie pflegt es auch und vielleicht gar besonders hingebungsvoll, wenn es nicht niedlich, sondern verwachsen und häßlich ist, ja sie wird mit der Kraft ihrer Liebe sogar ihr eigenes Kindchen-Schema umfunktionieren, so daß ihr schließlich auch ein mißgebildetes Kind *herzig* und *süß* erscheint. Liebe macht blind, sagen wir dann, aber wir müßten sagen: Liebe kann den lauten Protest angeborener Mechanismen zum Schweigen bringen. Wir erwarten alle von uns, daß wir uns gegenüber negativen Auslösern, gegenüber instinktiven Abneigungen, die unser Es uns gemäß seinem Programm anliefert, als der Herr im Haus erweisen, daß wir diese Vorschläge und Vorurteile zwar wahrnehmen und prüfen, ihnen aber nicht blindlings folgen.

Die Instanz, die diese Prüfung vornimmt, nennen wir das *Ich*, sie macht uns zur Person und damit zu dem Herrn im Hause der eigenen Triebe. Jedenfalls wird unser Ich diese Aufgabe leisten, wenn wir seelisch gesund sind. Im durch Bewußtsein erhellten Innenraum unseres Selbst lebt dieses Ich und hält Gericht ab über die eigenen Antriebe, hemmt hier und verstärkt dort und wird damit zum Fahrer, der den Wagen und seine eingeborene Mechanik lenkt. Der Unterschied zum Tier wird in der Situation des Triebkonflikts sofort deutlich: Gerät es in die Spannung zwischen zwei gleichstarken Antrieben, so entscheidet es sich nicht, sondern weicht in eine sogenannte *Übersprungshandlung* aus, in einen Kompromiß nach dem Parallelogramm der Kräfte oder in eine sinnlose Ersatzhandlung oder Verlegenheitsgeste. Die Entscheidung als Funktion des Ichs fehlt den meisten Tieren, nur die höchsten Arten zeigen Andeutungen dieser Möglichkeit. Bei uns aber ist diese Leistung eindeutig erreichbar, das Nebeneinander gleichstarker Antriebe wird vom Ich in ein Nacheinander gegliedert, das Gegeneinander durch eine Entscheidung gelöst. Unser intelligentes Ich leistet die Arbeit des Wägemeisters, von dem Plato sprach: Es wägt die kurzfristigen gegen die langfristigen Interessen ab, kann also beurteilen, daß eine für den Augenblick richtige Handlung auf die Dauer gesehen falsch sein kann oder daß der Verzicht auf die Befolgung eines Antriebs sich durch die Möglichkeit entlohnt, später einem anderen folgen zu können. Unsere Vernunft, wie wir diese Instanz des Ichs nennen, ermöglicht uns, in diesem Sinne, also vernünftig zu handeln, doch sind wir damit noch immer im Bereich der biologischen, nicht der moralischen Werte, haben noch immer nicht erkannt, was *Gut und Böse* ist.

Dazu bedarf es nämlich noch einer entscheidenden Motiv-Verschiebung, die nicht mehr das biologisch Richtige, die lustbetonte Triebbefriedigung, als Ziel vernünftigen Handelns setzt, sondern das moralisch Richtige als Zufriedenheit erstrebt. Dazu muß sich über der Vernunft das *Gewissen* bilden, also ein als verbindlich geltendes Wertsystem, eben eine Moral, die sich als Autorität über dem Ich etabliert. Was in diesem Wertsystem angestrebt wird, das nennen wir gut, und es bleibt für uns gut, selbst wenn es biologisch schlecht, physiologisch krank oder logisch unrichtig wäre. Konrad Lorenz hat 1943 einen interessanten Hinweis darauf gegeben, wie sich ein solches überindividuelles, moral-analoges Wertsystem durchaus biologisch sinnvoll und arterhaltend als Gegentendenz zur Domestikation beim Menschen herausbildet. Die von der »Verhausschweinung« bedrohten Triebe – Brutpflege und Revierverteidigung – werden von uns nach einem übereinstimmend ererbten Artgewissen moralisch positiv beurteilt: die opfernde Mutter, der kämpferische Held werden in der Zivilisation, wo ihre Antriebsintensität nachläßt, zu Idealen, die im moralischen Wertsystem als *gut* rangieren. Dagegen entarten bei Haustierhaltung der Tiere wie des Menschen der Ernährungs- und der Geschlechtstrieb zu übermäßig mächtigen Impulsen, und hier reguliert das Artgewissen, indem wir Völlerei und sexuelle Triebhaftigkeit instinktiv moralisch abwerten und als *böse* empfinden. Kollektive, unbewußte und moral-analoge Wertungsprogramme werden als biologisch sinnvolle Gewissensinhalte sichtbar – ob sie wirklich angeboren oder gesellschaftlich anerzogen sind, wissen wir nicht genau, aber sie zeigen jedenfalls, daß auch moralisches Werten biologisch sinnvoll sein kann.

Andererseits wissen wir, daß die Moral den biologischen Antrieben so oft zuwiderläuft, daß es fast zu ihren Merkmalen gehört, keinen biologischen Sinn erkennen zu lassen. Tatsächlich kann ein Mensch, in Hinblick auf seine biologischen Funktionen sogar recht angenehm, ohne Gewissen, ohne Moral auskommen, und es wird ihm dabei so ähnlich ergehen wie einem von Geburt an Blinden, der die Welt der Sehenden nie ganz begreift. Die Psychiater kennen diesen Mangelzustand, und einige nennen ihn *moralischen Schwachsinn.* Doch kann uns der Ausfall einer Funktion über diese selbst wenig lehren.

Freud dagegen hat die Entstehung des *Über-Ichs* und des Gewissens ausführlich geschildert. Während das Ich beim heranwachsenden Kind sich aus dem Es aufbaut, erlernt es das Realitätsprinzip, d.h. die Fähigkeit, in Anpassung an seine Lebensumstände zwischen Antrieben zu wählen und vernünftig zu handeln. Diese Umstände, die oft genug in Konflikt mit den eigenen Antrieben stehen, sind die Sozialforderungen, die – meist besonders in der Autorität des Vaters – mächtig und drohend, richtungsweisend und wertsetzend auftreten. Durch Verdrängung des aggressiven Widerstands im Akt der Unterwerfung, durch die Introjektion dieser fremden Autorität in das eigene Bewußtsein, entsteht dann das Über-Ich. Es ist der ins eigene Bewußtsein hereingenommene Dompteur, dem als Ideal nachzufolgen als gut empfunden wird, dem heimlich zu widersprechen als böse, als Schuldgefühl erlebt wird. »Unter dem Druck gesellschaftlicher Forderungen«, schreibt Alexander Mitscherlich, »bewirkt die Wendung der Aggressivität gegen das eigene Innere, gegen das eigene Ich, die Errichtung des Gewissens.«

Hier hätten wir also zum erstenmal Bedarf für die Ausdrücke *gut* und *böse,* hier zeigt sich ein erstes, allerdings noch unreifes moralisches System, das über der Biologie des Individuums steht: So wie der Vater zu sein, der Autorität zu gehorchen, ist gut – das Gebot zu übertreten, den Vater anzugreifen, ist böse. Im Übertreten des Gebots, im Erleben des Schuldgefühls, liegt also die bittere Erkenntnis des Guten und Bösen, im Gefühl der Schuld geht ein paradiesischer Zustand der Unschuld verloren. Also war doch die Schlange eine Betrügerin, als sie verhieß, daß der Zustand der Auflehnung gegen die Autorität, dieses Erlebnis der Schuld gegenüber dem Gesetz, den Menschen machen würde »wie Gott«. Denn keineswegs göttlich, sondern als quälende Sklaverei empfindet es der Erwachsene, wenn ihm nur die bange Wahl bleibt zwischen schuldhaftem Trotz und demütigem Gehorsam. Keine dieser Handlungen ist wirklich frei, jede folgt einem Zwang in anderer Richtung, keine können wir daher wirklich gut nennen und keine böse. Das hatte schon Kant ganz deutlich gesehen: »Was der Mensch im moralischen Sinne ist oder werden soll, gut oder böse, dazu muß er sich selbst machen oder gemacht haben«, schrieb er, »beides muß eine Wirkung seiner freien Willkür sein, denn sonst könnte es ihm nicht zugerechnet werden, folglich er weder gut noch böse sei.«

Errichten wir die Werte unseres Gewissens nicht selbst – in freier Willkür –, sondern werden sie uns eingeprägt und aufgenötigt von der Gesellschaft, so können sie uns also nicht zugerechnet werden, sind infantil. Und tatsächlich ist dies das große Problem unserer gesellschaftlichen Moral, der Freudianer Erikson hat es schonungslos ausgesprochen: »Die Tatsache, daß das menschliche Gewissen das ganze Leben hindurch infantil bleibt, stellt den Kern der menschlichen Tragödie dar.« Aber der Jahwist weiß offenbar besser, was der Kern der menschlichen Tragödie ist. Nicht die Entgegennahme eines vorfabrizierten Gewissens ist der Inhalt der sogenannten *Erkenntnis* von Gut und Böse, sondern wesentlich mehr, nämlich gerade die Überwindung dieser infantilen, vor-moralischen Stufe. Nicht das Wissen um *tob* und *rah*, nicht die Kenntnis von Gut und Böse, sondern die Möglichkeit zur freien Entscheidung zwischen beiden macht den Kern der Veränderung aus. Damit endet die Slaverei, und es beginnt ein Sein *wie Gott*. Die Schlange hatte also doch recht mit ihrer Verlockung, und Gott bestätigt es uns ausdrücklich: »Siehe, Adam ist geworden wie unsereiner ...« (1. Mos. 3, 22). Damit aber bleibt die Schlange schließlich die große Versucherin, denn dieser neue Zustand bedeutet für den Menschen Gefahr. Im Mißbrauch seiner Freiheit kann er in hybridem Hochmut zugrunde gehen, wie es die vielen Geschichten des Alten Testaments immer neu bestätigen, im richtigen Gebrauch dieser Freiheit aber erfüllt sich die Verheißung seiner Gottesebenbildlichkeit.

Das Bild des Sündenfalls ist also der mythische Ausdruck für die moralische Selbständigkeit, die Mündigkeit des Menschen, die im Übertreten des Verbots und im Überwinden des Über-Ichs gewonnen wurde. Da sitzt nun der zornige Prometheus, spottet der Autorität und schafft Werte und »Menschen nach seinem Bild«, aber tief im Herzen wird ihm »bei seiner Gottähnlichkeit bange«, wie es schon Mephisto von ihm zu sagen wußte. Jeder von uns kennt das Gefühl der bangen Leere, des verlorenen Paradieses, das mit der Pubertät als dem Prozeß der Abwertung übernommener Werte verbunden ist. Denn Frieden kann man nur finden, wie ihn Thomas von Aquin schon sah, als »Ruhen in der Ordnung«, und der Gewinn beim Zerschlagen der einengenden Tyrannis des Über-Ichs wird sofort zum drängenden Bedürfnis, eine neue, eigene Ordnung zu errichten.

In der Pubertät setzt tatsächlich, wie es die Tiefenpsychologie schildert, dieser Prozeß ein, in dem der einzelne sich neue, eigene Werte als Inhalt für den Aufbau eines persönlichen Gewissens sucht, in »freier Willkür«, wie Kant meinte. Aber ist sie wirklich frei? Ist nicht vielmehr die Wahl der Ideale, denen man nachstreben möchte, selbst wenn die Autorität der Vatergestalt abgelöst wird, noch immer unfrei, nämlich an die eigene Vergangenheit gekettet, in der auf dem Schicksalsweg vom Kind zum Erwachsenen der Umgang mit den Antrieben erlernt und oft genug tragisch verbogen wurde? Wird nicht ein ausgleichendes Bemühen der Person, des Ichs, hier bei der Gewissensbildung aus der Not eine Tugend machen, indem es gerade die Handlungen moralisch als positiv und damit gut bewertet, die infolge einer erworbenen Hemmung besonders schwerfallen? So wird der oral-kaptativ Gehemmte seine depressive Charakterstruktur in ein moralisches Wertsystem projizieren, in dem Armut und Anspruchslosigkeit höchste Tugenden, Streben nach Besitz und Genuß schlimmste Laster sind. Der im intentionalen Bereich Gestörte wird die liebende Zuwendung als höchsten Wert, seine persönliche Not, die schizoide Kontaktscheu, als tiefste Schuld empfinden. Der Aggressionsgehemmte setzt Gehorsam und Demut an die Spitze seiner Wertepyramide, der Zwanghaft-Skrupulöse die treue Pflichterfüllung und der sexuell Gehemmte die Keuschheit. So sieht es die Tiefenpsychologie, und darum behandelt sie die Schuldgefühle und Ängste eines solchen Gewissens als krankhaft, als Neurosen. Schon Nietzsche hat es lange vor Freud genauso gesehen: »Die Wertschätzungen eines Menschen verraten etwas vom Aufbau seiner Seele, und worin sie ihre Lebensbedingungen, ihre eigentliche Not sieht.« Aber auch die »Umkehrung des wertesetzenden Blicks« kennt er, den *Sklavenaufstand der Moral,* der wie der Fuchs von den sauren Trauben urteilt und das Unerreichbare abwertet: »Was wir am besten tun, von dem möchte unsere Eitelkeit, daß es gerade als das gelte, was uns am schwersten werde.« Und das, so meint er 1887, wäre der Ursprung mancher Moral.

Die Psychologie, die uns bisher so hilfreich war bei Einsichten in die Hintergründe unseres Handelns, führt uns hier an eine Grenze, an der sich lähmende Ratlosigkeit ausbreiten will. »Alles verstehen heißt alles verzeihen« ist ihre Devise, und im verzeihenden Verstehen vollzieht sich die Entschuldung als Heilung neurotischer Gewissensangst. Und wirklich schafft sie in vielen Fällen hilfreiche Erleichterung. Dieser Wunsch zu heilen, der eine medizinische Disziplin ehrt, kehrt aber allzuleicht den Erkenntnisprozeß um: Heißt denn alles entkrampfen auch schon alles verstehen? Haben wir wirklich die Funktion des Gewissens ganz und vollständig begriffen, wenn wir im Schuldgefühl eine Krankheit, nämlich die Folge neurotischer Verdrängungen, sehen? Ist das Gewissen selbst eine Krankheit, nur weil seine Inhalte krankhaft verzerrt sein können? »Zweifellos ist das schlechte Gewissen eine Krankheit«, spottet wieder Nietzsche, »aber eine Krankheit wie die Schwangerschaft.« Also ein Zustand, dürfen wir folgern, in dem Neues angelegt ist und zu seiner Geburt drängt.

So sollten wir uns von der Einsicht nicht beirren lassen, daß hinter der barmherzigen, guten Tat eines Samariters auch die neurotische Helferhaltung eines Depressiven stehen kann oder hinter dem Streben nach Keuschheit der Verhaltenszwang eines sexuell Gehemmten. Eine Tiefenpsychologie, die gebannt im Teufelskreis neurotischer Pseudomoral verharren und alle moralischen Werte zu Krankheitszuständen relativieren würde, bliebe auf der Strecke, wenn wir den Weg zum echt moralischen Menschen betreten und nach der »freien Willkür« seiner Gewissensentscheidung fragen. Unser Gewissen kann krank sein, wie jede andere Instanz unserer Person und jedes Organ unseres Körpers, und Gewissenskrankheiten sind im Umkreis unserer Zivilisation ungemein häufig und müssen geheilt werden. Das Gewissen kann einseitig verbogen und verklemmt, es kann als hysterischer Leichtsinn zu schwach ausgebildet sein oder in der Zwangsneurose tyrannisch überwuchern. Es kann aber auch gesund sein, oder wie sonst sollten wir den Zustand nennen, auf den doch die Behandlung durch Tiefenpsychologen hinzielt? Das gesunde Gewissen ist der Wächter, der Herr im Hause unserer Triebe und Wünsche, der dafür sorgt, daß nicht zu viel und nicht zu wenig Triebenergie unserem Seelenhaushalt zufließt und daß in unserem Innern die Ruhe und Ordnung herrscht, die wir brauchen. Um in uns selbst ruhend zu existieren? Nein, um mit diesem Burgfrieden der widerstrebenden Kräfte in unserem Innern nun im moralischen Handeln die Aktion nach außen zu tragen, die unser Menschsein fordert und zugleich erst ermöglicht.

Damit sind wir am Ende einer Zoologie des Menschen, am Ende auch einer naturwissenschaftlichen Psychoanalyse, aber nicht am Ende des Menschen selbst angelangt, sondern eigentlich an seinem Beginn. Wenn der Mensch sich, von seinen Gewissensängsten geheilt, vom Ledersofa des Analytikers erhebt, ist doch das Böse selbst nicht aus der Welt geschafft. Die komplexe Psychologie weiß das sehr genau, sie allein verfolgt die Spuren des Bösen über das subjektive schlechte Gewissen hinaus und weiß etwas von seinem dämonischen Charakter. »Gut und Böse sind Prinzipien, und wir müssen bedenken, daß ein Prinzip lange vor uns ist und weit über uns hinausreicht«, sagte C. G. Jung in einer seiner letzten Schriften. Und auch der kritische Kant wußte vom *Geheimnis der Bosheit* und zitiert voller Zustimmung ein Wort des Apostels Paulus: »Denn wir haben nicht mit Fleisch und Blut zu kämpfen, sondern mit Mächtigen und Gewaltigen, nämlich mit den Herren der Welt, ... mit den bösen Geistern unter dem Himmel« (Eph. 6, 12).

Ohne dieses Geheimnis lösen zu können, wollen wir noch einen Schritt weitergehen zu Erkenntnissen, die schon lange zum Besitz der Religionen und Mythen gehören: Gut und Böse sind keine Gegensätze, so wenig wie Licht und Finsternis. Eigentlich gibt es nur Licht und Stellen, an die es nicht dringt. Die Finsternis ist durch Abwesenheit von Licht erklärt, aber: Was ist Licht? Das Böse ist durch seine Gegnerschaft zum Guten definiert, aber: Was ist das Gute? In unserer Religion wird es so ausgedrückt: die Dämonen sind eigentlich »Nichtse«, nämlich Habenichtse des Guten. Jedes Böse, in freier Willkür verübt, macht uns zu Sündern, aber kein Gutes macht uns aus eigener Kraft zu Heiligen. Das Gute und das Göttliche sind in unserer Sprache gleichen Ursprungs, man kann das eine nicht ohne das andere glauben, dem wissenschaftlichen Nachweis entziehen sich beide. Aber auch das Gute ist nicht das Letzte, was uns erkennbar wird; schon Nietzsche, der bittere Spötter und große Menschenkenner, hat tiefer geblickt, wenn er sagte: »Was aus *Liebe* getan wird, geschieht immer jenseits von Gut und Böse.«

So befinden wir uns am Ende unseres Weges durch die Naturgeschichte der Moral – wenn wir weitergehen wollen, wenn wir den Mut haben, solchen Sprung zu wagen – im Bereich der Religion. Nur wenn es Liebe, Freiheit, Gott gibt, hat es Sinn, von einer objektiven Moral zu sprechen, nur dann gibt es ein absolut Gutes und ein wirkliches, nicht nur sogenanntes Böses. Aber wer kann das wissen? Es ist keine Frage des Wissens und der Kenntnis, sondern eine des Glaubens und der Anerkenntnis. Und so stehen wir am Schluß wieder unter dem Baum der Erkenntnis, an dem im Bilde der Genesis mit dem Sündenfall unsere nachparadiesische, mündige Menschengeschichte begann. Wir haben nun selbst zu setzen, was gilt, *unsere* Entscheidung über Gut und Böse *schafft* die Welt der moralischen Werte – oder sie schafft sie nicht! Und wenn der Ruf »Adam, wo bist du?« ertönt, dann haben wir selbst zu entscheiden zwischen nacktem Affen und Ebenbild Gottes. Wir können uns verstecken, wie Adam es tat, können uns im Dickicht der Biologie, der wuchernden Antriebe unserer Natur verbergen, da sie uns nicht angerechnet werden kann – oder wir nehmen den Ruf auf, wie es der Jahwist von Moses berichtet, lassen den bergenden Schutz der Natur hinter uns und antworten mutig der Stimme aus dem flammenden Dornbusch: »Hier bin ich!«

Krankheit und Tod

Immer wenn wir bisher Tier und Mensch miteinander verglichen, war es nötig, uns klarzumachen, daß es *das Tier* genaugenommen gar nicht gibt: Hunderttausende von Tierarten, jede mit Millionen von Individuen, jedes einzelne in einem seiner möglichen Entwicklungszustände, dazu in jedem Augenblick in einer speziellen Situation, gesund oder krank, hungrig oder satt, schlafend oder wach und in triebbedingter Aktion – das alles zusammen erst macht die Erscheinungsfülle aus, die wir mit dem Wort »Tier« zusammenfassen. Dürfen wir das eigentlich? Sinnvoll kann eine solche Zusammenfassung eigentlich nur sein gegenüber einem ganz anderen, das in jedem seiner Aspekte von jedem Einzelinhalt dieses Sammelbegriffes gesondert betrachtet werden kann. Daß aber der Mensch ein solches ganz anderes gar nicht ist, sondern in vielen Teilaspekten seiner biologischen Wirklichkeit mit hineingehört in die Zoologie, das eben haben wir vielfach feststellen können, und nur dadurch war es uns überhaupt möglich geworden, das wirklich Andersartige bei uns zu erkennen und vom Hintergrund des Allgemein-Tierischen abzuheben. Aber gelten diese Bedenken nicht auch umgekehrt, dürfen wir von *dem Menschen* reden, ist nicht auch hier, diesseits der Grenze zum Tierreich, ein vielfältiges, buntes Bild von Einzelerscheinungen, von Zuständen, von Reifungsgraden, von Rassen und Typen entwickelt? Gibt es *den* mündigen, körperlich wie seelisch gesunden Erwachsenen? Wie sieht er aus, und wo finden wir ihn als den rechten Gegenstand unserer Zoologie des Menschen?

Die Frage, wer *gesund* ist und was Krankheit bedeutet, erscheint auf den ersten Blick leicht zu beantworten. Nicht einmal einen unmittelbaren Vergleich benötigen wir dafür: Wenn im Zoologischen Garten ein neues, unbekanntes Tier nur in einem einzigen Exemplar zu sehen wäre, und es verhielte sich stumpf und apathisch, läge bewegungslos, mit glanzlos-struppigem Fell in der Käfigecke, fräße kaum und nähme ständig an Gewicht ab, so könnten wir sicher sein, daß es krank ist, denn es weicht in seinem Sein von der allgemeinen Norm der Lebewesen ab. Was aber speziell als normal zu gelten hat, das können wir nur durch Vergleiche ermitteln: In einer Tierherde werden wir ein einzelnes, das aus dem Rahmen fällt und als Minusvariante in Verhalten und Körperbau kenntlich wird, als krank bezeichnen, und auch an uns selbst spüren wir die negative Abweichung von der sonst eigenen Leistungsnorm oder von der anderer als krank. Gesundheit ist in dieser Sicht einfach das Selbstverständliche, das nicht weiter Auffällige, das überhaupt erst wahrnehmbar wird, wenn es sich doch einmal als nicht selbstverständlich erweist, nämlich als gefährdet und verlierbar. Insofern ist Gesundheit auch nicht ein »höchstes Gut«, wie wir manchmal meinen, denn sie wird allenfalls vom Kranken ständig und bewußt erstrebt. Aber einen körperlich völlig gesunden Menschen, dessen Bemühen um nichts anderes als um die Erhaltung dieses Gutes kreiste, würden wir sogar als seelisch krank, nämlich als hypochondrisch bezeichnen. Immer um die eigene Gesundheit besorgt zu sein, gehört offenbar nicht zur Norm des menschlichen Verhaltens. Bei einer Mutter, die diese Besorgtheit um sich selbst vor die Gesundheit ihrer Kinder stellen würde, wäre dies sogar gegen die Norm der biologischen Zweckmäßigkeit und damit gegen die Erhaltung der Art gerichtet.

Wenn Krankheit also Abweichung von der Norm ist, so stellt sich uns die Frage: Was ist die Norm des Menschen, was ist für uns *normal* und was unnormal? Ist normal einfach das, was alle tun und wie alle sind, oder doch die meisten? Gewiß nicht: Die Norm ist nicht das statistische Mittel, nicht der Durchschnitt. Denn der durchschnittliche Zustand der Menschheit ist keineswegs gesund, und wenn ein Computer die Größe und Körpermerkmale aller lebenden Menschen zu einem Durchschnitts-Weltbürger zusammenrechnen würde, ergäbe sich ein halbwüchsiges, gelb-bräunliches Zwitterwesen, das niemand von uns als normal bezeichnen würde. Wir müßten also vor der Statistik die Systematik bemühen und sinnvolle Klasseneinteilungen durchführen; also in Männer, Frauen, Kinder einteilen, in Rassen und Typen. Aber auch das genügt nicht, wie wir am Beispiel unserer Zähne sehen können. Das normale Gebiß des Erwachsenen enthält 32 Zähne, aber oft bleiben die Weisheitszähne im Kiefer stecken, so daß häufig nur 28 oder 30 Zähne zum tätigen Gebiß gehören. Der statistische Durchschnitt ergäbe daher vielleicht 29,3 Zähne pro Erwachsenen – von den nachträglich verlorenen ganz zu schweigen. Mit dem statistischen Mittel ist also für unsere Frage nach der Gesundheit und der Norm nicht viel anzufangen. Statistisch gesehen ist der Einäugige unter den Blinden keineswegs ein König, sondern eine stark abweichende und unwahrscheinliche Variante, von der Norm her gesehen aber ist er nur halb gesund. Doch diese Norm ist nicht immer so leicht zu ermitteln wie in diesem Fall, das können uns wiederum unsere Zähne deutlich machen. Die Gebißformel 32 ist nämlich gar nicht so einwandfrei die menschliche Norm des Erwachsenen: Es gibt gar nicht selten das angeborene Fehlen der oberen äußeren Schneidezähne, wobei dann die mittleren besonders kräftig sind und den Platz ihrer Nachbarn mitbeanspruchen. Dieses vereinfachte Gebiß scheint eine Mutation zu sein, die sich in der menschlichen Spezies langsam durchsetzt; in ihr ist ein kleines Stück Biologie der menschlichen Zukunft entworfen. Wir müßten also neben der traditionellen zoologischen Norm der 32 Zähne eine andere, evolutiv-fortschrittliche Norm anerkennen, nämlich die des 30er-Gebisses, demgegenüber eines Tages die 32 Zähne als krankhafter Rückfall in alte biologische Zustände gelten werden.

Was diese *Norm* eines Lebewesens eigentlich ist, hat C. Fr. von Weizsäcker kürzlich mit biologischen und kybernetischen Begriffen ausgedrückt: »Die Norm ist der durch die Bedingung optimaler Überlebensfähigkeit definierte *Sollwert* möglicher Eigenschaften.« Das gilt für die Art als Ganzes, bei der diese Norm zugleich die Voraussetzung ihrer Evolution wie die Behauptung ihrer gegenwärtigen Existenz bedeutet. Das gilt aber auch für das Individuum, das in der ökologischen Nische, der seine Art angepaßt ist, nur überleben kann, wenn es möglichst wenig von der Norm abweicht. Anders sein als die anderen heißt biologisch zunächst immer: weniger gut angepaßt und in die Umwelt eingepaßt sein. »Gesundheit eines Individuums«, so folgert daher von Weizsäcker, »heißt optimale Angepaßtheit an die Norm des Lebens in der seine Art definierenden Nische dieser Umwelt.«

Die Norm, dieser Sollwert möglicher Eigenschaften, ist übrigens trotz des modernen technischen Namens ein sehr alter Begriff der Philosophie, von Weizsäcker nannte ihn das »kybernetische Modell einer platonischen Idee«. Denn auch diese *Ideen* sind ja bei Plato empirisch gar nicht vorfindbar, sondern schweben sozusagen über den Dingen und werden nur erkennbar an dem, was diese Dinge der wirklichen Welt als ihr Abbild von ihnen enthalten. So hat Konrad Lorenz immer darauf hingewiesen, daß es *die Graugans*, der er seine Beobachtungen widmet, eigentlich gar nicht gäbe, sondern Individuen, die sich deutlich erkennbar diesem Begriff zuordnen lassen. Die Spezies, die Art, ist also immer zugleich weniger und mehr als die Einzelwesen, sie ist als Norm in keinem von ihnen absolut erfüllt, und sie ist zugleich nur durch diese Einzelwesen hindurch als die dahinterstehende Norm erkennbar. »Die Graugans des Zoologen«, sagte von Weizsäcker daher, »ist die darwinistisch interpretierte platonische Idee der Graugans!«

Was bedeutet das für unsere Frage nach der Norm des gesunden Menschen? Auch sie muß ein Sollwert möglicher Eigenschaften sein, der optimale Überlebensfähigkeit in unserer menschlichen Umwelt garantiert. Was aber ist für uns dieser Sollwert? Da wir anders als die Tiere nicht ausschließlich durch biologische Anpassung an die Natur zu unserer hohen Überlebensfähigkeit kommen, sondern sie durch technische, zivilisatorische Maßnahmen vielfach gesteigert und von äußeren Einflüssen wie Klima und biologischen Feinden weitgehend unabhängig gemacht haben, gelten für uns auch andere Sollwerte. Wir können die *Idee* des Menschen, also die Norm unserer Art, nicht darwinistisch interpretieren, allenfalls »sozial-darwinistisch«, d.h. unter Einsetzen des gesellschaftlichen Existenzkampfes als wesentlichen und bestimmenden Umweltfaktor. Doch gibt es andere Sollwerte, und wenn wir alles aufzeichnen wollten, was die Philosophien, Ideologien und Religionen an möglichen Normen für den Menschen gefordert haben, so kämen wir zu einem umfassenden Katalog von Möglichkeiten, die sich im einzelnen widersprächen. Das gesunde und normale Verhalten in einer Sammler- und Jägerhorde würde in einer hochzivilisierten Gesellschaft als krank gelten müssen, das kranke Mitglied einer normalen Industriegesellschaft findet vielleicht in einem stillen Winkel der Welt eine Gemeinschaft Gleichgesinnter, deren Norm es als gesund entspricht. Besonders die Technik wird zu einer normierenden Kraft, sie bildet überall in unserer Zivilisation zunehmend die Umwelt, an die es sich optimal anzupassen gilt, wenn man biologisch überleben will. Wer sich in einer dünnwandigen Neubauwohnung von Geräuschen so belästigt fühlt, daß er in seiner Entfaltung behindert wird, gilt als krankhaft geräuschempfindlich, wer nicht in einen Konfektionsanzug hineinpaßt, hat unnormalen Körperbau. Und schließlich haben Utopisten bereits eine volltechnisierte Zukunft entworfen, der die Norm des jetzigen Menschen insgesamt nicht genügt, so daß ein neuer, besser genormter Mensch nach Maß zu züchten wäre – etwa einer ohne Beine, die in Fahrzeugen und Raumkapseln doch nur stören, oder einer ohne Schlafbedürfnis, das den Produktionsprozeß und die aktive Lebensgestaltung doch so empfindlich unterbricht!

Aber auch wenn wir solche willkürlichen und höchst bedenklichen neuen Ideale außer acht lassen und uns auf eine Norm einigen, die dem Menschen in unserer heutigen Zivilisation und Kultur eine optimale und nach allen Richtungen des menschlichen Seins ausgewogene Entfaltung ermöglicht, so haben wir doch damit nicht *den Menschen,* den gesunden Idealtyp unserer Spezies gefunden. Denn auch diese gesunden – und das heißt: nicht erkennbar krankhaft vom Normalen abweichenden – Menschen sind kein einheitlicher Typ, keine exakt beschreibbare Rasse unserer Art. Es gehört vielmehr zu den auffallenden Merkwürdigkeiten des Menschen, daß er in ganz verschiedener Weise normal und gesund sein kann, daß er die Welt nach mehreren Rezepten anpacken und sich in vielfacher Weise in ihr verwirklichen kann, mit einem Wort: daß es mehr als nur eine Norm gibt, ein Mensch zu sein. Gleichberechtigt stehen die Temperamente, die Typen oder Charaktere nebeneinander; solange es eine Menschenkunde und eine Medizin gibt, haben sie diese verschiedenen Normen zu erfassen und zu deuten versucht.

Da sind vor allem die polaren Zweiergruppen, die jeder von uns als selbstverständliche Klassenbegriffe seines Menschenbildes mit sich bringt: Mann und Frau – die Geschlechter also mit ihrer grundsätzlich verschiedenen und doch jeweils ganz normalen Seinsweise –, dann Kind und Erwachsener mit den jeweils typischen Normen ihres Verhaltens und ihres Körperbaus. Schon im griechischen Altertum unterschied man den Dystelos vom Eutelos, den Verzweifler vom Hoffer, oder wie wir heute sagen: den Pessimisten vom Optimisten. Und jeder dieser Menschentypen scheint an die Norm des Lebens optimal angepaßt zu sein, denn beide haben bis heute überdauert und finden jeder ihre ökologische Nische in Beruf und Gesellschaft. Auch für feinere Einteilungen der Temperamente gilt das – so hatte das Altertum mit seiner Freude an Zahlenmystik zu den vier Elementen bald auch die vier Temperamente als menschliche Normen erkannt, also als Möglichkeiten der Gesundheit oder der Krankheit für je einen sanguinischen, cholerischen, melancholischen und phlegmatischen Menschentyp. In den französischen Schulen des 18. und 19. Jahrhunderts fand man vier andere Typen, den Kopf-, Brust-, Eingeweide- und Unterleib-Menschen, wobei also mehr die Merkmale des Körperbaus in den Vordergrund gestellt und auf vier Normen verteilt wurden. Gibt es etwa vier Ideen des Menschen, untereinander vermischbar oder rein nebeneinander vertreten, gesund oder ins Krankhafte abgleitend? In unserem

Jahrhundert war es vor allem Kretschmer, der »Körperbau und Charakter« in zwei großen Grundformen menschlichen Daseins zu unterscheiden lehrte, nämlich den pyknisch-zyklothymen, den kurzstämmigen, abgerundet in sich ruhenden Typ einerseits und den leptosom-schizothymen, den hageren, unruhigen andererseits. Zur gleichen Zeit wie Kretschmers Lehre erscheinen auch C. G. Jungs »psychologische Typen«: extrovertiert und introvertiert sind die entsprechenden Bezeichnungen für die beiden Grundformen, aber Jung unterteilt nun jede dieser Normen noch in vier Klassen, die den vorrangig entwickelten Funktionen des Denkens, Fühlens, Empfindens oder Intuierens entsprechen, so daß wir bei acht verschiedenen Möglichkeiten körperlich-seelischer Normalität und Gesundheit anlangen.

Es war dann 1921 der Schweizer Psychologe Hermann Rorschach, der darauf hinwies, daß diese Normen auch beim einzelnen keine festen Charakterstrukturen sind, sondern im Laufe des Lebens wechseln können. So sind wir alle, in diesen Normen ausgedrückt, als Kinder deutlich mehr pyknisch-extrovertiert als in der Pubertät, als Erwachsene aber kehren einige von uns zu der kindlich zyklothymen Extrovertiertheit zurück, während andere sich schizothym-introvertiert weiterentwickeln. Schließlich hat der Biologe Adolf Portmann vor einigen Jahren darauf aufmerksam gemacht, daß diese Aufspaltung der erwachsenen Menschen unserer Tage in Pykniker und Leptosome, oder wie er es nennt: in Sancho Pansas und Don Quichotes, in »Grundmenschen« und »Kopfmenschen«, die Folge der zunehmenden Zivilisationsschäden unserer Zeit wiedergibt. Die moderne Reizüberflutung, als biologische Überforderung der gesunden, auf weniger und bekömmlichere Kost eingerichteten Kräfte unseres Verstandes, fördert mit der gleichzeitigen Unterentwicklung der Gemütskräfte einen biologisch bedenklichen reinen Verstandestyp, der infolge der merkwürdigen Erscheinung der Akzeleration körperlich dünn und hochragend aufwächst und keineswegs ein Optimum bildet, sondern allenfalls die stabile Norm eines Nebenoptimums menschlicher Anpassung an menschliche Umwelt. Wenn diese zivilisierte Umwelt der menschlichen Norm nicht entspricht – und das tut sie im Zeitalter der Überzivilisation und Naturzerstörung in der Tat nicht –, so ist ein an der Zivilisation krankender Pykniker im Grunde gesünder, d. h. normaler, als ein gesunder Leptosom. In einem verräucherten Eisenbahnabteil wird ebenso der Nikotinsüchtige – also der biologisch Kranke – dem gesunden Nichtraucher in seinen Entfaltungschancen wesentlich überlegen sein. Schließlich nähert sich in den Zentren der industriellen Hochzivilisation die selbstgeschaffene Umwelt des Menschen einem Zustand, in dem nur ein unnormaler, nämlich gegen Gifte, Geräusche und Gerüche abgestumpfter Mensch noch existieren kann, während ein wirklich der Norm entsprechender seine Gesundheit dadurch beweist, daß er sich hier sterbenskrank fühlt!

Wir sehen also, wie die Begriffe Gesundheit und Norm, die sich gegenseitig bedingen, in ihrer Abhängigkeit von der Umwelt weiten Schwankungen unterliegen und sich dem exakten Zugriff entziehen. Aber was auch immer die normale Gesundheit des einzelnen sein mag – eine deutliche Abweichung von ihr können wir als *Krankheit* unschwer erkennen: Selbst wenn wir durch die vorausgehenden Betrachtungen unsicher geworden sind und fragen, ob es Gesundheit überhaupt gibt, so steht fest, daß ein gleicher Zweifel für die Krankheit nicht angebracht ist. Krankheiten gibt es, aber: was ist eine Krankheit? Keineswegs jede Abweichung von der Norm, denn wir werden weder die afrikanischen Buschmänner wegen ihrer geringen Körpergröße als krank bezeichnen noch einen Mitmenschen, der durch Unfall ein Bein oder im Alter seine Haare und Zähne verliert. Nur bei einer unnatürlichen, bedeutenden und schädigenden Abweichung von unserer Norm sprechen wir von Krank-Sein. Besser gesagt: nur wenn eine solche Abweichung selbst eine Norm entwickelt und in ihrem Verlauf überschaubar ist, nennen wir sie eine Krankheit. Tatsächlich bekommt sie dann einen Namen, wird wie eine Tierart – wie eine »darwinistisch interpretierte platonische Idee« – nach ihrem Entdecker, nach *Basedow* oder *Bechterew* benannt oder sonst mit einem eindeutigen Namen belegt, wie *Malaria, Diabetes, Grippe* oder *Asthma.* Man unterscheidet in der Medizin heute zweitausend solcher Krankheiten, und wir haben nun zu prüfen, was sie eigentlich für unsere Zoologie des Menschen bedeuten. Dabei können wir sofort eine wichtige Unterscheidung machen: Es gibt Krankheiten, die bei Tieren auftreten, also biologisch allgemeine Lebenserscheinungen sind, und andere, die spezifisch menschlich zu sein scheinen.

Die erste Gruppe ist vor allem durch Parasiten und Infektionen gekennzeichnet. Für sie gilt buchstäblich, was die romantische Medizin von allen Krankheiten annahm, daß sie nämlich selbst Organismen sind, die eine Lebensgeschichte, einen natürlichen Ablauf und ein mögliches Ende haben. Parasitische Lebewesen, Krankheitserreger, die außen oder innen am Körper ihrer Wirte schmarotzen und dadurch schwächere Individuen zu Fall bringen, während sich stärkere gegen sie immunisieren, sind im ökologischen Gleichgewicht der Natur eingespielte organische Regelsysteme, deren biologischer Zweck für eine Auslese des Stärkeren und eine gesunde Bevölkerung eindeutig ist. Ebenso wie der Feind für den Bestand eines Beutetieres von Wichtigkeit ist – wir sahen schon, daß eine Elch-Population an Übervölkerung zusammenbricht, wenn die Wölfe fehlen –, ist auch dieser innere Feind für das Gleichgewicht im Bestand notwendig. Das harmonische Gefüge einer Lebensgemeinschaft ist so ausgewogen, daß eine Art von Lebewesen die andere beeinflußt und Schaden und Nutzen sich gegenseitig die Waage halten. Für das gesunde Gedeihen einer Tierart sind ihre Parasiten und Krankheitserreger also letztlich ebenso notwendig wie ihre Nahrung und ihre Beutetiere. Daher gibt es Parasiten und Infektionskrankheiten bei allen Tieren, selbst der Maikäfer hat seine spezielle Viruskrankheit, an der einzelne Exemplare zugrunde gehen, während die Art als Ganzes weiterexistiert. Die weitgehende Ausmerzung unserer natürlichen inneren Feinde, der Infektionskrankheiten, hat auch beim Menschen zu einer Überbevölkerung geführt, deren Folgen wir nun durch Bevölkerungspolitik ausgleichen müssen. Hier feiert die Medizin ihre wahren Triumphe; es gehört zu den selbsterrungenen Freiheiten des Menschen, daß er die Bewährung an der Infektion durch die Leistung der Immunisierung nicht mehr zu erbringen braucht, sondern daß er – und zwar auch, wenn ihn die Gesetze der Auslese bereits zum Tode verurteilt haben – zu einem vollen und gesunden Leben errettet werden kann, wenn die Infektion durch ärztliche Kunst ausgeschaltet wird.

Eine zweite Gruppe von Krankheiten, ebenfalls Mensch und Tier gemeinsam, besteht aus Funktionsstörungen in den Prozessen des eigenen Körpers, also aus Schadstellen und Konstruktionsfehlern, wenn wir es einmal technisch ausdrücken wollen. Das Nichtfunktionieren einer Drüse, das Fehlen eines Enzyms, die entzündliche Entartung eines Organs oder der Ausfall einer Sinnesfunktion sind solche allverbreiteten Krankheiten, die nicht anstecken, sondern sich im Gegenteil in der Natur schnell selbst eliminieren, da das mit ihnen behaftete Individuum als nicht optimal angepaßt der negativen Auslese verfällt. Diese Auslese ist in der Natur gnadenlos, auf die Opferung schadhafter Exemplare ist der Geburtenüberschuß aller Arten angelegt, ja angewiesen. Aber auch bei uns kann die Medizin nur beschränkt helfend eingreifen, denn die Auslese beginnt bereits vor der Geburt. Viele Fehlgeburten sind die von der Biologie vollstreckten Todesurteile an fehlerhaften Exemplaren. Bei rund einem Viertel aller spontanen menschlichen Fehlgeburten fand man in einer Untersuchung, die kürzlich von Humangenetikern in Münster durchgeführt wurde, abnorme Chromosomensätze, also schwere Fehler in der Erbinformation. Auch bei den Lebendgeborenen gibt es solche Chromosomenanomalien. Im bekannten Fall der Trisomie G, der Verdoppelung eines Chromosoms im 21. und 22. Paar, kommt es zum sogenannten Mongolismus, also ebenfalls zu einer Existenz, die unter rein biologischen Bedingungen nicht lebensfähig wäre. Das gleiche Krankheitsbild des Mongoloiden mit einem überzähligen 22. Chromosom hat man kürzlich auch bei Schimpansen nachgewiesen, es ist bei der Kompliziertheit des Kernteilungsmechanismus also durchaus überall bei Organismen mit ähnlichen Kernteilungsfehlern zu rechnen. Beim Menschen tritt diese spezielle Form krankhafter Kernschleifenverdoppelung bei jeder sechshundertsten Geburt auf, aber andere Chromosomen zeigen noch häufiger Teilungsfehler. So hat etwa jeder fünfhundertste Erwachsene ein überzähliges Geschlechtschromosom, mit dem man ohne Krankheitserscheinungen leben kann. Aber bei Kriminellen findet sich diese XXY-Anomalie zehnmal häufiger als normal: Sollte ihr Verbrechen eine krankhafte Auswirkung der Chromosomen sein? Ein großes Problem für die Juristen, aber auch für unsere Frage nach gut und böse und nach gesund und krank!

Heilen kann man zwar viele Funktionsstörungen einfacherer Art, aber nicht solche Erbkrankheiten. Man kann nur die Symptome lindern. Da aber auch erblich falsch Programmiertes letztlich nur eine Funktionsstörung ist, kann man durchaus hoffen, daß die Biochemie auch hier eines Tages die Möglichkeit einer vollwertigen Reparatur bereitstellt. Auch für die Heilung einer solchen Störung und für die Errettung der mit ihr behafteten Individuen muß allerdings der Preis gezahlt werden, der für jeden Eingriff in das Gleichgewicht der Geburts- und Sterberate der Natur gilt: Während die Vernichtung der Infektionskrankheiten das Bevölkerungsgleichgewicht gefährdet, bringt die Reparatur schadhafter Organe und die Erhaltung von Kranken mit erblichen Störungen das Gleichgewicht der Gene in Gefahr, das im gesunden genetischen Code unserer Art enthalten ist. Aber diese Gefahr müssen wir auf uns nehmen, ihr kann das Leben des einzelnen nicht geopfert werden; so will es der Hippokratische

Eid der Ärzte, und so wollen wir alle es in einer menschenwürdigen Gesellschaft.

Die beiden großen Gruppen der Infektionskrankheiten und Konstruktionsfehler machen etwa ein Drittel der zweitausend bekannten Krankheitsbilder des Menschen aus. Für den Rest von etwa 1400 Krankheiten ist die Ursache nicht in einem so einfachen biologischen Tatbestand faßbar, ihre Ursachen sind unzureichend geklärt, obwohl seit Jahrhunderten an ihnen geforscht wird. Offenbar handelt es sich bei diesen nervösen Funktionsstörungen mit geringem körperlichen Befund, vielleicht auch bei Krebs und Koronar-Insuffizienz, den großen Geißeln unserer Zeit, vor allem aber bei den sogenannten psychosomatischen Krankheiten, wie Magengeschwür, Asthma, Hochdruck, Fettsucht und Magersucht, chronischer Verstopfung, um körperliche Ausdrucksformen von seelischen Störungen, wie sie nur in der menschlichen Gesellschaft dem einzelnen widerfahren können. Wenn man einer Ratte die Beine festbindet und sie 24 Stunden lang an jeder Bewegung hindert, bekommt allerdings auch sie ein Magengeschwür, beim unbehinderten Leben in der freien Natur ist diese Krankheit bei Tieren aber unbekannt. Der Volksmund hat es immer gewußt, daß der Mensch seinen Ärger »herunterschlucken« kann und daß er einem »auf den Magen schlägt«, aber in der Heilkunde hat es lange gedauert, bis diese in der Aufklärung verlorengegangenen Erkenntnisse der Antike sich erneut, und zwar in der modernen Form der psychosomatischen Medizin, durchsetzten. Erst eine Ärztegeneration, die Psychologie und Neurosenlehre wieder in ihrem Ausbildungsplan vorfindet, wird in der Lage sein, diese mehr als tausend organ-neurotischen Krankheitsbilder des Menschen an der Wurzel zu packen und der Heilung zuzuführen. Solange man aber am Symptom kuriert, ein Magengeschwür als eine Schleimhautentzündung, Ekzeme als Hauterkrankung und chronische Verstopfung als Darmträgheit behandelt, wird sich am Gesundheitszustand wenig ändern. Der allenfalls erreichte Krankheits*wandel* täuscht dann vielleicht eine Heilung vor – das Ekzem verschwindet und Asthma tritt an seine Stelle –, der Patient wandert weiter von Facharzt zu Facharzt, und die Grundsituation der Neurose bleibt bestehen. In einer sorgfältigen und kürzlich preisgekrönten Nachuntersuchung hat Cremerius an der Münchner Medizinischen Poliklinik festgestellt, daß nur ein sehr geringer Prozentsatz der Kranken nach zehnjähriger Behandlung wirklich geheilt war, meist hatte sich das Krankheitsbild nur gewandelt, Herzstörungen waren in vielfältige Formen von Angstzuständen übergegangen, Magensyndrome in depressive Zustandsbilder. Es geht also meist so, wie es Sigmund Freud schon konstatiert hatte: »Eine Form des Leidens ist durch eine andere abgelöst worden.«

Die Psychoanalyse kennt diese Situation schon längst als »Flucht in die Krankheit«, und hier finden wir in der Tat ihren biologischen Sinn, denn jede Flucht hat ja die Aufgabe, existenzrettend eine Situation verminderter Gefahr aufzusuchen. Als Abwehrleistungen des Ichs haben wir also die psychosomatischen Krankheiten aufzufassen, mit ihnen wird dem Patienten ein reduziertes Leben möglich, das in voller Gesundheit durchzustehen ihm aus seelischen Gründen nicht gelingt. So könnten wir sogar sagen: Diese Zustände sind nicht eigentlich selbst krank, sondern sie sind Abwehrreaktionen auf eine krankmachende Situation.

Ein nägelkauendes Kind ist in diesem Sinn nicht krank, leidet nicht etwa an Kalkmangel, wie man früher einmal meinte, sondern es findet einen Ausweg, um in einer unnatürlich hemmenden Umwelt zu überstehen. Wenn in psychagogischer Behandlung die Hemmung beseitigt wird, schwindet die Veranlassung, am eigenen Körper zerstörerische Handlungen zu vollziehen, und die im Inneren verkrampfte Aktivität des Kindes kann sich wieder auf normale Weise frei nach außen entfalten. Auch für Magengeschwüre und Asthma wie alle anderen Organneurosen gilt dies: Sie können nur wirklich geheilt werden, wenn eine psychotherapeutische Behandlung den Grund für die Flucht in die Krankheit aufdeckt, wenn die als störend erkannten Faktoren der Umwelt ausgeräumt werden oder wenn der Patient in einer gewandelten Einstellung zu seiner Umwelt eine organ-neurotische Abwehrleistung nicht mehr nötig hat. Der Hamburger Psychosomatiker Arthur Jores meint sogar, daß letztlich alle Krankheiten dieser Art eine einheitliche Ursache haben, nämlich die mangelnde Möglichkeit zur Entfaltung der Persönlichkeit. An Nichtbeachtung durch seine Umgebung, an Behinderung in seinen Wünschen und Antrieben, an mangelnder Zuwendung und dem Gefühl der Nutzlosigkeit des eigenen Daseins kann der Mensch kümmern und krank werden. Jores spricht in diesem Zusammenhang sogar vom »Pensionierungstod«. Geheilt ist hier nur der gewandelte Mensch, der – aus eigener Kraft oder mit der Hilfe eines Arztes – »einen neuen und höheren Freiheitsgrad erworben hat, der sich nunmehr besser und seinem Wesen gemäßer entfalten kann als vorher; das Schwinden der Krankheitssymptomatik gilt in der Psychotherapie als ein Sekundäreffekt«, sagt daher Arthur Jores.

Wenn es der Menschheit gelingen soll, diese für sie so typischen Zivilisationskrankheiten zu heilen, so hilft dazu weder das Messer des geschickten Chirurgen noch die allbereite Pille für jeden speziellen Zweck, sondern allein eine vermehrte Mitmenschlichkeit, ein Mehr an Zuwendung und Liebe in unserer menschlichen Umwelt. Damit ist aber nicht nur gemeint, daß die Gesellschaft die Abseitsstehenden und in ihrer Entfaltung besonders Bedrohten mehr lieben soll, sondern es müssen auch diese Bedrohten selbst wieder liebesfähig werden. Wenn sich die gebannte Aufmerksamkeit eines Menschen auf sein eigenes Schicksal richtet und er, die mangelnde Entfaltung beklagend, sich voller Mitleid um sich selbst verkrampft, wird die Situation verstärkt, in der nun die Folgen solcher Entfaltungshemmungen eintreten. Wer seine Liebe und Sorge intensiv anderen zuwendet, wird dort oft Möglichkeiten der vollen Entfaltung vorfinden, die ihn von seinem eigenen Leid ablenken und sogar heilen können. Gerade weil es heute soviel Einsamkeit und Lieblosigkeit gibt, kann jeder, der nicht in sein eigenes Leid verkrallt ist, diesen neuen und höheren Freiheitsgrad erwerben und Liebe und Zuwendung in der Welt durch seine Tat mehren. Im Trösten der anderen wird er selbst getröstet werden und sein eigenes Leid lindern.

Und nur so – in der Entkrampfung einer übersteigerten Selbstliebe – wird er imstande sein, schließlich auch die schlimmste Krankheit zu überstehen, die »europäische Krankheit«, wie Nietzsche sie nannte: die Furcht vor dem Tode. Nur so wird er seinen eigenen Tod annehmen können als den Preis, der für das Leben zu zahlen ist. Dieser Tod selbst ist keine Krankheit, er wird zwar meist die Folge einer Krankheit sein, doch hat er nicht wie diese seine Norm. Er ist biologisch, für die Erhaltung der Art, zweckmäßig, aber er ist biologisch nicht notwendig. Das macht ihn so unbegreiflich und so schwer annehmbar. Zur Anpassung an eine sich wandelnde Umwelt, zum schnellen Durchsetzen neuer Mutationen, ist die kurze Lebensdauer der Individuen offenbar ein Vorteil für die Arten. So hat sich im Laufe der Evolution schließlich Kurzlebigkeit als Selektionsvorteil ausgelesen, aber nur bei den höheren Formen des Lebens. Unsere Körperzellen, vor allem die Fibroblasten, werden nach einigen Teilungsvorgängen schadhaft, die Erbinformation wird immer brüchiger, und schließlich entartet ihre Schrift zur Unleserlichkeit. So stellt sich für die heutige Medizin das Phänomen der Altersschwäche und des Todes nach 80 bis 100 Lebensjahren dar.

Aber das brauchte nicht so zu sein, unsere Keimdrüsen zeigen, daß Erbinformationen durch Tausende von Zellteilungen, durch Ketten von Millionen von Generationen hindurch unbeschädigt und fehlerfrei weiterzugeben sind. Also ist das Altern ein sekundärer, nicht naturnotwendiger Effekt, ist besonders einprogrammiert wie eine Sprengladung in einer Rakete, die sich nach einiger Zeit selbst zerstören soll. Nach anderer Ansicht vollzieht sich diese an sich unnötige Selbstzerstörung des Körpers im Alter durch die Ansammlung besonderer Substanzen im Zellsaft, und zwar schädlicher Abfallprodukte, nämlich ungesättigter Fettsäuren, die als sogenannte »freie Radikale« mit den langlebigen Molekülen der Zelle unerwünschte Verbindungen eingehen. Wenn man Mäusen Inhibitor-Substanzen einspritzt, die solche freie Radikale binden, wie z.B. das Dibutylmethylphenol, so leben sie eindeutig länger als normale Vergleichstiere. Auch beim Menschen hofft man, durch solche Medikamente die Lebensdauer zumindest um einige Jahre heraufsetzen zu können, wie ja überhaupt die Auswirkung der modernen Medizin sich in unserer deutlich erhöhten Lebenserwartung ausdrückt. Der Mensch steht statistisch sowieso im Hinblick auf die Langlebigkeit an der Spitze der Säugetiere, nun aber scheint es die Heilkunst zu erreichen, daß auch die praktische Lebenserwartung des einzelnen sich dieser theoretischen Grenze immer mehr annähert.

Damit wächst auch die Zeit, die jeder zur Verfügung hat, um sich mit dem Problem des Todes zu beschäftigen. Aber wer wird sie wohl dafür nutzen? Obwohl wir in einer Epoche leben, die wissenschaftliche Fakten und klaren Verstand über alles andere setzt, ist die verständige und sachliche Auseinandersetzung mit dem Tode recht selten. Wir »verdrängen« ihn, wie die Tiefenpsychologen sagen, wir bemühen uns, ihn zu vermeiden, und erwarten, eines Tages von ihm überrascht zu werden. Mit Gleichgültigkeit übergehen wir ihn bei Fremden, als absolute Grenze möglicher mitmenschlicher Zuwendung erleben wir ihn schmerzvoll an unseren Nächsten, für uns selbst übersehen wir ihn und die Zeichen seines Kommens so lange wie möglich. Das ist letztlich die Haltung des alten Landsknechtliedes:

»Ich leb', weiß nit wie lang,
ich sterb' und weiß nit wann,

ich fahr', weiß nit wohin,
mich wundert's, daß ich fröhlich bin!«

Es ist eine Flucht aus der Zukunft, die schon begonnen hat, in eine Gegenwart, die man festhalten möchte, aber die Flucht hatten wir doch bereits als eine wenn auch zweckmäßige Form der *Krankheit* erkannt!

Der nachdenkliche Mensch wird seinen Tod nicht unbegreiflicher finden als sein Leben und wird beide nur ertragen und annehmen können, wenn er einen Sinn in ihnen erkennt. Den Sinn von Leben und Tod kann uns aber die Wissenschaft nicht liefern, das steht ganz außerhalb ihrer Möglichkeiten. Den Sinn unseres Lebens können und müssen wir selbst finden, er wird dann zugleich auch den Sinn unseres Leidens, unserer Krankheiten und Schmerzen umfassen und unserem Leben ein Ziel setzen. Es gibt da keine Patentlösungen und keine eindeutigen Naturgesetze, die uns weiterhelfen, aber daß unser eigenes Leben seinem Sinn in der Liebe zu anderen Werten als uns selbst am nächsten kommt, ist für jeden einzelnen erfahrbar und ist zugleich zu allen Zeiten der Inhalt von Religion und Philosophie gewesen. In dieser Liebe zu höherem als dem eigenen Leben wird dann zugleich auch eingeübt, was uns bis zu unserer letzten Stunde Freude und Ruhe, Freiheit von Furcht und Sieg über das Leid bringen kann: die Annahme des eigenen Todes als sinnvolles Ende eines sinnvollen Lebens.

Wir haben verfolgt, wie sich der Mensch im Verlauf der Evolution aus dem Tierreich löste und zu einer Erscheinung ganz eigener Art wurde; mit seinem Körper und seiner Seele wurzelt er in der Natur, erhebt sich aber zugleich mit beiden Seiten seines Seins über sie, indem er mit seinen Sondermerkmalen, mit aufrechtem Gang, Sprache und einsichtigem Handeln, die Kultur schafft als seine »zweite Natur«. Diese Kultur setzt sich nicht einfach als neue Schicht über die Natur, geht nicht einfach in der Richtung weiter, die sie weist, sondern ist eigentlich – um das Wort des Philosophen Kolakowski zu wiederholen – Opposition zur Natur. Schon mit dem Feigenblatt, so hatten wir gefunden, beginnt diese Opposition, dieser Eingriff in das Bestehende mit der Absicht, es zu verändern und den menschlichen Vorstellungen anzupassen. Der erste Freigelassene der Natur, wie Herder den Menschen nannte, wendet sich nicht von ihr ab, um sich im leeren Raum irgendwo außerhalb anzusiedeln, sondern er greift mit beiden Händen in diese Natur hinein und benutzt so seine Freiheit, um im einsichtigen Handeln des gestaltenden Eingriffs nach dem Vorbild des Prometheus die Natur umzuformen »nach seinem Bilde«. Manipulation des Lebens ist ein Wesensmerkmal des Menschen und keineswegs erst die Hoffnung oder die Gefahr unseres Jahrhunderts. Es ist der Prozeß einer Gegenschöpfung, in dem der Mensch, eben selbst noch passives Material des Evolutionsvorgangs, beginnt, das Tempo und die Richtung dieser Evolution zu bestimmen und damit vom Objekt zum Subjekt der Naturgeschichte zu werden.

Soweit wir in die Geschichte der Menschheit zurückblicken können, wird dieser Eingriff in die Natur deutlich. Selbst die ältesten Zeugnisse, die wir überhaupt vom menschlichen Gestaltungswillen besitzen, die Höhlenzeichnungen der eiszeitlichen Cro-Magnon-Rasse des Homo sapiens, weisen auf magischen Jagdzauber und Fruchtbarkeitsriten, also auf Versuche, in den natürlichen Verlauf der Dinge einzugreifen, Jagdbeute und Schicksal zu besiegen und in den Kreislauf von Geburt und Tod hineinzuwirken. Niemand kann uns hindern, schon in Kains Brudermord an Abel die erste bevölkerungspolitische Manipulation zu erblicken, nämlich die erste Anwendung des probaten Mittels, mit dem die Menschheit aller Rassen und Völker von

Anbeginn der Geschichte her durch Ausmerzung des Konkurrenten den Erhalt des eigenen Bestands pflegte. Doch auch die andere, hellere Seite unserer zweiten Natur wird schon sehr früh deutlich: Der Mensch ist nicht nur das Lebewesen, das den Artgenossen, den Bruder, töten kann und von dieser Fähigkeit wesentlich häufiger Gebrauch macht als die Tiere, er ist auch das Wesen, das seinen Bruder vom Tode errettet.

Auch für diese Möglichkeit des Handelns gibt es zwar im Tierreich Beispiele – manche Nagetiere treiben eine Art von Geburtshilfe, viele Herdentiere eilen einem bedrängten Artgenossen zu Hilfe, die Delphine tragen ein krankes Exemplar zum Atmen an die Wasseroberfläche –, aber alle diese tierischen Samariterdienste liegen doch gänzlich innerhalb des Spektrums natürlichen Verhaltens, sind meist sogar instinktiv einprogrammiert und damit nur primitive Analoga zu dem, was wir beim Menschen finden. Hier gibt es magische Zauberriten, Amulette oder Beschwörungen zur Erhaltung der Gesundheit, und Medizinmänner, Arzneimittel, meist auch chirurgische Praktiken bei allen, noch so primitiven Völkern und schon in den frühesten Spuren archäologischer Überlieferung. Dabei ist es für unsere Betrachtung nicht so wichtig, ob ein solches Amulett wirklich half, ob die Grabbeigabe eines Neandertalers den Lebenden oder den Toten von Nutzen war oder ob die Schädeloperationen, deren Spuren bei frühgeschichtlichen peruanischen Indianern nachweisbar sind, eine lebenverlängernde Wirkung hatten; entscheidend ist, daß in allen diesen Fällen die Absicht erkennbar wird, sich mit dem natürlichen Verlauf, der Bedrohung und dem Ende des Lebens nicht abzufinden, sondern ihnen handelnd entgegenzutreten. Wir dürfen allerdings sicher sein, daß die medizinische Behandlung, die zu allen Zeiten vom Vertrauen des Patienten in das Gelingen der Manipulation sehr abhängig war, in den frühen Zeiten der magischen Bewußtseinsstufe und der entsprechend großen Glaubensstärke eine recht hohe Erfolgsquote aufwies. Außerdem stellt die moderne Medizin mit Erstaunen fest, daß in dieser vorwissenschaftlichen Zeit Einblicke in pharmakologische Zusammenhänge möglich waren, die uns heute nicht nachvollziehbar sind. Es bleibt daher auf diesem Felde nichts anderes übrig, als uralte Volksrezepte und mystische Heilkräuter-Verordnungen zu sammeln und zu unserer Verblüffung dann zu erleben, daß man dabei manchen Arzneien auf die Spur kommt, die tatsächlich einwandfreie und spezifische Heilwirkungen besitzen. In Brasilien beginnt man gerade, diese gnostischen Medizinkenntnisse der letzten überlebenden Amazonas-Indianer – denen wir z. B. das Nervengift Curare verdanken und die über empfängnisverhütende Arzneien verfügen – systematisch zu sammeln und auszuwerten.

Spätestens auf der Kulturstufe, die dem Sammler- und Jägerstadium der Menschen folgte, begann eine intensive Manipulation des Lebens, deren voller Erfolg für unsere heutige Zivilisation die notwendigen Voraussetzungen schuf, nämlich die Züchtung von Kulturpflanzen und Haustieren. Nur in der geschlechtlichen Zuchtwahl, also der fortgesetzten Selektion eines bestimmten Typs von Geschlechtspartnern, gibt es das Phänomen der »Züchtung« auch bei Tieren. Es ist dort also, wenn wir es überhaupt vergleichen können, stets die Manipulation der eigenen Art, aber es besteht dabei keine rechte Möglichkeit, von gezielter Züchtung zu sprechen, denn wir hatten früher gesehen, wie das Zuchtziel, nämlich das bei der Partnerwahl zu bevorzugende Individuum, durch angeborene oder eingeprägte Programme ermittelt wird, also nicht bewußt und frei. Kein Auslösermechanismus, sondern ganz bewußte Entscheidung im Sinne einsichtigen Handelns aber muß es gewesen sein, was den frühen Menschen befähigte, sich aus dem Wolf seinen Jagdhund zu züchten, aus Grasarten die Getreidesorten zu entwickeln und dazu die Milch, Fleisch, Fett und Wolle liefernden Haustiere. Diese züchterische Manipulation des Lebens, deren erste Spuren wir fast 10000 Jahre zurückverfolgen können, setzt die aktive Selektion durch Auswahl des gewünschten Typs, gezielte Verpaarung und Ausmerzung ungeeigneter Nachkommen voraus. Der sonst so schlaue Syrier Laban, von dem die Genesis aus der Frühzeit des Volkes Israel berichtet, wußte offenbar nichts von dieser Kunst, aber immerhin gab es reinfarbige, also »ohne Fehl« gezüchtete Schafe und Ziegen auch in seiner Herde, und sein Schwiegersohn Jakob kannte bereits genug von den Vererbungsgesetzen, um sich aus ihnen eine große Schar von »bunten und sprenkligen« Lämmern heranzuziehen, weniger durch den Zauber mit geschälten Holzstücken als durch solide züchterische Selektion – »Daher ward der Mann über die Maßen reich ...« (1. Mos. 30, 25–43).

Gezielter und bewußt gestaltender Eingriff in die Natur, Manipulation des Lebens, ist der Inhalt oder die Absicht zahlloser Rituale und Traditionen, die um Heirat, Geburt, Initiation, um Krankheit und Tod des Menschen, um die Zucht seiner Haustiere, um Aussaat und Ernte seiner Kulturpflanzen kreisen. Der alte

Auftrag »Macht euch die Erde untertan!« bleibt das einzige der vielen Gebote, dessen Erfüllung dem Menschen ein heftiges und sozusagen natürliches Anliegen ist und seiner »zweiten Natur« so sehr entspricht, daß er es zu allen Zeiten mehr als Verheißung denn als Befehl empfunden hat. Unsere Zeit unterscheidet sich von früheren nicht in der grundsätzlichen Absicht und Fähigkeit zu Manipulationen des Lebens, sondern in den ungeahnten technischen Dimensionen, die diese Fähigkeit angenommen hat. Die heutige Biotechnik mag uns in Hinblick auf die Zukunft unserer Kinder wie ein Alptraum erscheinen, sie ist doch nur möglich geworden, weil sie in den Träumen unserer Vorfahren vorweggenommen war, in den alten Märchen und Wunschträumen, die sich in unserer Gegenwart als Hoffnungen der Vergangenheit auf eine ferne Zukunft einzulösen beginnen und uns zugleich den Preis der Besinnung und des notwendigen Verzichts abfordern.

Tatsächlich hat die Manipulation des eigenen Lebens, die Möglichkeit der medizinischen Einwirkung auf unser Schicksal, heute ein Ausmaß erreicht, das früheren Zeiten unvorstellbar und allenfalls erträumbar war. Am deutlichsten wird das bei den Infektionskrankheiten. Der Schwarze Tod, die Pest, vernichtete zweimal in der Geschichte Europas – im 6. und im 14. Jahrhundert – die Mehrzahl der gesamten Bevölkerung und verödete ganze Städte und Landstriche, an den Pocken starben noch 1871–73 in Deutschland bei einer Epidemie mehr als 100000 Menschen, und die Grippe forderte in den Jahren 1918/19 mit zwanzig Millionen Toten in allen Erdteilen mehr Opfer als der ganze Erste Weltkrieg. Noch größer war bis zum Beginn der modernen medizinischen Methoden die Sterblichkeit im Wochenbett. Jede Geburt brachte die Mutter in unmittelbare Lebensgefahr: Etwa 12% betrug im Mittelalter die Müttersterblichkeit, d.h. spätestens bei der siebten bis achten Geburt starb gewöhnlich die Mutter, während von fünf Kindern nur eins die Säuglingszeit überlebte. Am Leben zu sein, von Krankheit und frühzeitigem Tod verschont zu bleiben, erschien den Menschen damals als eine besondere Gnade, während es uns heute fast wie ein Grundrecht der Persönlichkeit vorkommt. Die durchschnittliche Lebenserwartung hat sich in der Tat so bedeutend vergrößert, daß sie sich immer mehr dem biologisch möglichen Maximum nähert. In den letzten zehn Jahren ist dieser statistische Wert in einigen Zivilisationszentren um mehr als fünf Jahre gestiegen. Die Zeit hat dort also fast mit dem Tod Schritt gehalten im Wettlauf um das Leben: Wer in diesen zehn Jahren lebte, kam seinem eigenen Tod, statistisch gesehen, nur um fünf Jahre näher, sein Altern wurde verlangsamt – war es nicht das, was sich in vielen Märchen die Menschen von einer guten Fee wünschten?

Wenn die Einsichten der modernen Medizin in den Prozeß des Alterns weitergehen und Medikamente überall dort eingesetzt werden können, wo dieser Prozeß durch Ausfallserscheinungen die Richtung auf den Tod einschlägt, dürfen wir erwarten, daß eines Tages die mittlere Lebenserwartung des einzelnen nicht nur mit dem heutigen Maximum der Lebensdauer zusammenfällt, sondern diese sogar übertrifft. Vielleicht werden unsere Urenkel mit einer mittleren Lebenserwartung von 100 Jahren rechnen können, ja die Zukunft läßt noch größere Perspektiven offen. Alexander Mitscherlich prophezeite am Schluß einer Ärztediskussion für *eine Welt unabsehbarer Veränderungen* (1969): »Es werden Entscheidungen verlangt werden, die wir heute nur ahnen, zum Beispiel die Entscheidung, wann wir sterben wollen.«

Deutlich klingen solche Entscheidungen heute schon an, wenn wir bedenken, daß mit dem Rückgang der Krankheiten in ständig steigendem Ausmaß der Verkehrsunfalltod und der Selbstmord zu Manipulationen des Lebens werden. So muß sich die Medizin zunehmend mit der Heilung von Krankheiten und der Verhütung von Gefahren beschäftigen, die nicht von der Natur, sondern von ihrem »ersten Freigelassenen«, vom Menschen und seiner Selbstbedrohung durch die Zivilisation und durch psychische Belastung in seiner Umwelt, ausgehen. Chirurgische Transplantationen und künstliche Ersatzorgane werden dabei eine wichtige Rolle spielen. Bei den ersten Herzverpflanzungen wurden in den letzten Jahren Glanz und Elend dieser reparierenden Medizin besonders deutlich, und zugleich trat die Problematik solcher Manipulationen vor aller Augen: Die Entscheidung für ein Leben kann zugleich die gegen ein anderes sein. Auch die Einpflanzung eines Zusatzherzens, das einem erkrankten Patienten zu Hilfe kommt, wird gegenwärtig erwogen, mehr noch die Entwicklung eines elektronisch betriebenen Kunstherzens, das gegen das erkrankte Originalorgan ausgetauscht werden könnte. Auch andere Organe wie Nieren, Herzklappen, Hornhaut der Augen und Sehnen hat man mit mehr oder weniger großem Erfolg bereits verpflanzt, und zweifellos wird diese Technik noch weitere überraschende Ergebnisse zeitigen. Doch bleibt sie Unfall-Chirurgie, die für das normale Leben des einzelnen tröstlich für den Notfall im Hintergrund steht. Dagegen ist die Hoffnung berechtigt, daß die moderne Medizin eines Tages Mittel und Wege findet, die einen Austausch erkrankter Organe unnötig machen, weil die Erkrankung selbst vermeidbar geworden ist. Diese Art von Manipulation würde den Weg, der aus der Natur weit herausführte, wieder zum Kreis schließen: Sie wäre darauf angelegt, auch in unnatürlicher Umgebung, nämlich in der menschlichen Zivilisation, eine natürliche, d.h. gesunde Funktion der Organe sicherzustellen.

Im gleichen Sinne – aber nur so – wäre auch eine Manipulation unseres seelisch-geistigen Befindens durch Drogen ein echter Fortschritt. Allerdings ist gerade hier die Heilmittel-Funktion weitgehend weggefallen: Mit Drogen, von Alkohol und Nikotin bis zu LSD und anderen Halluzinogenen, wird normalerweise nicht geheilt, sondern im Gegenteil ein Eingriff am eigenen Leben getätigt, der in einen heilungsbedürftigen Zustand hineinführt. Dabei tritt allerdings in großer Deutlichkeit die Frage auf, ob der einzelne den Zustand der normalen biologischen Natürlichkeit eigentlich als erstrebenswert empfindet oder ob er ihm, als dem grauen Alltag der Wirklichkeit, nicht lieber – und selbst auf die Gefahr des gesundheitlichen Schadens hin – in die bunte Ferne der Halluzination entfliehen will und gerade darin die einzig menschenwürdige Lebensform für sich erblickt. So wirft der Biochemiker Buddecke, gewiß im Einklang mit vielen anderen modernen Biotechnikern, die grundsätzliche Frage auf, »ob die Seele des Menschen wegen ihrer mannigfachen Konstruktionsfehler und ihrer Störanfälligkeit pharmakologisch zurechtgerückt werden soll«. Hier enthüllt sich eine bedenkliche Unsicherheit in der Zielvorstellung, die uns klarmacht, daß die Möglichkeit zur Manipulation des Lebens mit der Gefahr ihres Mißbrauchs untrennbar verbunden ist. Das gleiche wird deutlich, wenn man etwa amerikanischen Vorstellungen über die Anwendung von Elektro-Stimulationen am menschlichen Gehirn folgt. Da wurde zum Beispiel festgestellt, daß der nach gegenwärtigem Kenntnisstand an sich zur Erholung nicht notwendige Tiefschlaf mit gezielten Stromstößen in das Schlafzentrum verhindert und so die normale Schlafdauer des Menschen auf die Hälfte herabgesetzt werden könnte. »Darf ich gestehen«, bemerkte Adolf Portmann zu dieser Möglichkeit, »daß ich den Schlaf noch als Geschenk unserer langen prähominiden Evolution segne.« Angesichts der noch unbekannten Komplexität unserer naturgegebenen Lebensordnung fordert er »bewußten Verzicht auf einen umfassenden Umbau des Menschen, den Verzicht auf jede tiefgreifende Änderung, betreffe sie nun die Lebensverlängerung, den Rhythmus von Wachen und Schlafen oder die Möglichkeiten des psychischen Aufbruchs in ganz andere Geisteszustände«.

Wir werden einem mündigen und gesunden Erwachsenen im Sinne des Respekts vor der menschlichen Freiheit nicht verwehren dürfen, sein eigenes Leben auch in uns bedenklich erscheinender Weise zu manipulieren. Aber man muß hoffen, daß zunehmend klar wird, wie sehr sich sittliche Reife gerade in dem Verzicht auf solche Handlungen äußert, zumal wenn deren Folgen nicht restlos überschaubar und daher nicht völlig dem einsichtigen Handeln zuzuordnen sind. Das gilt in ganz besonderem Maße für alle die Eingriffe, die nicht ausschließlich das eigene Leben betreffen, sondern zugleich Verfügung über andere bedeuten, vor allem also für das Gebiet der Sexualität und Geburtenplanung. Hier aber vollzieht sich vor unseren Augen der auffälligste Wandel in den Möglichkeiten und Absichten der Manipulation des Lebens.

Damit ist nicht in erster Linie die Beschränkung der Nachkommenschaft und die Trennung der Sexualität von der Fortpflanzung gemeint; beides sind uralte Praktiken der Menschheit, die in den unterschiedlichsten Kulturen mit chemischen, medizinischen oder soziologischen Maßnahmen getätigt werden. Auffallend ist, daß der bewußte Verzicht auf Sexualität, die freiwillige Enthaltsamkeit, ebenso wie die Nahrungsabstinenz, also das Fasten, als gegen unsere biologischen Antriebe gerichtete Willensleistung in vielen Kulturen als Verhalten einer Elite hoch gewertet wird, nämlich als Beweis einer außerhalb der biologischen Gesetze stehenden Übernatürlichkeit und Unabhängigkeit. Für unsere Zeit ist die *Pille,* der hormonelle Ovulationshemmer, eine zwar besonders verbreitete, aber nur in der Methode neue Möglichkeit einer alten biotechnischen Praktik. Neu ist allerdings auch, daß diese Methode erstmals zuverlässig und weitgehend gefahrlos funktioniert, daß der Verzicht auf Nachkommenschaft angesichts der starken Bevölkerungszunahme zu einer Forderung der Sozietät an den einzelnen wird und daß der einzelne im Schatten dieser soziologischen Notwendigkeit die Möglichkeit entdeckt, seine Sexualität als legitime Quelle eines Lustgewinns zu benutzen, für den der biologische Preis nicht mehr gezahlt zu werden braucht. Es bleibt aber die Frage, ob dieser Preis, der bisher für den Vollzug unserer Sexualität zu zahlen war, nämlich die Übernahme der biologischen und sozialen Elternschaft, nicht zugleich auch seinen biologischen Lohn in sich trug und ob die Befreiung aus den psychologischen und physiologischen Zwängen der natürlichen Sexualbiologie nicht mit neuen seelischen und auch körperlichen Schäden erkauft wird. Nachdem die erste »Sexwoge« im Hochgefühl neugewonnener Freiheit durch unser Jahrzehnt gebrandet ist, wird aus dem Jubel über die abgeworfene Last von Tabus und biologischen Zwängen die Klage über eine Versklavung an neue, wiederum biologische Konsequenzen. Der Orgasmuszwang, so meint K. Bednarik, könne sich in unserer Zeit zu einer allgemeinen *Krise des Mannes* auswachsen, die mit dem Schreckgespenst von Impotenz und Frigidität in die Beziehungen der Geschlechter einbricht und damit die harmonische, liebende Partnerschaft empfindlich stört. Letztlich geht es mit den empfängnisverhütenden Mitteln nicht anders als mit allen anderen: Das Recht zu ihrer Anwendung wird sich, da die Medizin sie nun einmal bereitgestellt hat, der Erwachsene als neugewonnenen Besitzstand seiner Entscheidungsfreiheit nicht wieder nehmen lassen, aber in den Motiven, die er für die Anwendung dieser Mittel hat, bleibt er verantwortlich vor der Instanz, die er gewillt ist, für sittliche Urteile anzuerkennen.

Diese Überlegung wird noch dringender, wo als Ergebnis des Eingriffes Leben nicht verhindert wird, sondern entsteht. Auch hier gilt das zitierte Wort Mitscherlichs, daß bald von uns Entscheidungen verlangt werden, von denen wir kaum etwas ahnen. Das Geschlecht des zukünftigen Kindes läßt sich bereits heute beeinflussen, eines Tages könnte leicht auch hier gelten, daß man nichts dem Zufall überläßt, was man durch einsichtiges Handeln selbst bestimmen kann. In Anwendung dieser Maxime ist auch die Technik der künstlichen Befruchtung schon aus dem Rahmen einer innerehelichen ärztlichen Hilfe heraus in ein Stadium getreten, wo für Eltern, die über Schäden in ihren Genen Kenntnis haben, die Entscheidung möglich wird, durch heterologische Insemination, also durch fremde, erbgesunde Chromosomen, den »Zufall« eines erbkranken Kindes auszuschalten. Diese Operation enthält keine technischen, dafür aber enorme psychologische Probleme. Ihre Anwendung entmythologisiert außerdem den Begriff Schicksal zum Zufall und erfordert damit eine existentielle Entscheidung: Wer aus Schicksal einen Zufall macht, entschließt sich damit zu einem weitgehend sinnentleerten Weltbild, das nun durchgehalten werden muß. Wer aus der Möglichkeit zur Fortpflanzung ein Recht auf das eigene, gesunde Kind macht, degradiert dieses Kind damit zugleich zum Mittel seines eigenen Wohlbefindens und hat auch dafür die Verantwortung zu tragen.

Es ist jedoch denkbar, daß eines Tages durch fortgesetzte zivilisatorische Schädigung des Erbgutes, vor allem durch radioaktive Verseuchung, eine solche genetische Last sich in der gesamten menschlichen Gesellschaft, also im »Diffusionsraum« unserer Gene, anhäufen könnte, daß die grausige Vision Aldous Huxleys von ›Affe und Wesen‹ wahr würde, nämlich eine Bevölkerung mit starker Entartung des Erbgutes, in der eine Auslese gesunder oder wenig geschädigter Erbträger als der gesellschaftlich höhere Gesichtspunkt sich über alle persönlichen und ehelichen Partnerschaften hinwegsetzen würde. Solche Eingriffe, gerade weil sie biotechnisch kein Problem sind, kann man nur vermeiden, wenn man die Ursachen verhindert, deren unausbleibliche Folge sie wären.

Zweifellos ist auch die andere Vision Huxleys, die Erbrütung von Retortenbabies in der ›Schönen neuen Welt‹, oder wissenschaftlich gesagt: die Befruchtung von Eizellen und Aufzucht der Embryonen außerhalb des mütterlichen Körpers, eine reale technische Möglichkeit, die zur praktischen Wirklichkeit werden kann, sowie die gesellschaftliche Notwendigkeit dafür bestünde. Nach Zeitungsberichten ist dieser Plan bereits vor mehreren Jahren dem italienischen Arzt Petrucci gelungen, doch fallen zunehmend Schatten berechtigten Zweifels auf diese Sensationsmeldungen, die nie bestätigt werden konnten. Die Verschmelzung der elterlichen Keimzellen ist bei den Säugetieren ein komplizierter Vorgang, der von zahlreichen Bedingungen des physiologischen Milieus abhängt. Immerhin ist es im letzten Jahr englischen Wissenschaftlern gelungen, solche Kernverschmelzungen in vitro zu vollziehen; die anschließende Implantation der befruchteten Eizelle in den Körper der Mutter dürfte verhältnismäßig einfach sein, da entsprechende Übertragungen bei Kaninchen, Schafen und Rindern schon gelungen sind. Damit ergibt sich eine neue Ebene von Entscheidungen für eine zukünftige Steuerung der Fortpflanzung, nämlich die Austragung eines Kindes durch eine Gastmutter oder die Frühadoption eines Kindes als Embryo. Zugleich aber ergibt sich die medizinische Möglichkeit der Rettung eines durch Abort oder Tod der Mutter bedrohten Embryos im frühen Stadium, was im Einzelfall ein glänzender Triumph ärztlicher Heilkunst über den Tod und damit ursprünglicher Auftrag der Medizin wäre.

Mit diesen Möglichkeiten sind die Manipulationen des Lebens

und speziell der Fortpflanzung, wie sie die Biologie heute bereits bei Tieren durchführen kann, keineswegs erschöpft. Es hat sich vielmehr in zahlreichen Experimenten erwiesen, daß die genetische Information zur Erstellung eines Organismus, die im Kern der Keimzellen enthalten ist, bei geschickter Beeinflussung auch unter ganz unnormalen Umständen zu ihrer Entfaltung zu bringen ist. So regte man Froscheier auch unbefruchtet, also mit dem einfachen mütterlichen Kernsatz, zur Entwicklung an und erhielt vaterlose Individuen. Überführt man dagegen eine männliche Keimzelle in ein kernloses Eifragment, so entwickelt sich daraus ein Frosch, der ausschließlich väterliches Erbgut enthält. Auch zwei weibliche oder zwei männliche Keimzellenkerne ließen sich zur Verschmelzung und anschließenden Entwicklung anregen, wobei also Individuen entstanden, die nur Mütter oder nur Väter besitzen. Schließlich gelang, und zwar an Mäusen, ein noch erstaunlicheres Experiment: Zwei befruchtete Eizellen wurden in ihren ersten Teilungsstadien zusammengefügt und diese »Mischzellenkultur« einer anderen Maus als Gastmutter eingepflanzt. Es entwickelte sich daraus ein Einzeltier, also *eine* Maus, deren Zellen von zwei verschiedenen Elternpaaren abstammen. Auch der Zusatz eines einzelnen Chromosoms fremder Herkunft in den Kern einer befruchteten Eizelle und damit in den Körper des sich entwickelnden Lebewesens rückt in den Bereich der biotechnischen Möglichkeit. Der amerikanische Nobelpreisträger Lederberg prophezeite 1967: »Wir werden gewiß bald von Versuchen über den Effekt der Dosis des menschlichen Chromosoms 21 auf das Gehirn der Maus oder des Gorillas hören.« Es steht fest, daß solche Experimente von hohem wissenschaftlichen Wert wären und der Biologie wichtige Einblicke in die Gesetze der tierischen Entwicklung geben könnten. Auch für die zukünftige Zucht von Haustieren ergeben sich gänzlich neue Perspektiven. Aber nur eine völlig hemmungslose Phantasie wird den Versuch machen, die Anwendung solcher Chromosomen-Mischungstechnik für die Züchtung »paramenschlicher Infante« einzusetzen, wie es Lederberg als Aufgabe einer künftigen *Algenie* vorsieht. Daß einer gigantischen biotechnischen Anstrengung ein solches Ziel erreichbar wäre, ist kaum bestreitbar, aber es gibt heute bereits zahlreiche technisch realisierbare Möglichkeiten, deren Durchführung niemand ernsthaft erwägen wird, und wir sollten die Mensch-Tier-Bastarde als Haushaltssklaven in diesem Sinne den Schriftstellern utopischer Romane überlassen.

Dagegen scheint eine andere, noch erstaunlichere Möglichkeit der Manipulation auch für den Menschen direkte oder indirekte Konsequenzen zu versprechen. Es zeigte sich in vielen Experimenten, daß man den vollen Chromosomensatz, die komplette, in jeder Körperzelle vorhandene Erbinformation, unter Umständen von der Einschränkung entbinden kann, die in der Spezialisierung als Mitglied im Zellverband eines bestimmten Organs liegt. Pflanzt man den Kern einer Darmzelle des Froschs in das Plasma eines Froscheies und entfernt dessen eigenen Zellkern, so beginnt sich dieser Darmzellkern zu teilen und übernimmt im Milieu des Eiplasmas, das alle seine genetischen Möglichkeiten reaktiviert, die Durchführung des gesamten Erbprogramms, entwickelt sich also zu einem ganzen und normalen Tier. Russischen Forschern gelang das gleiche Experiment mit dem Kern einer Zelle aus dem Auge eines Froschs. Wenn eine solche totale Mobilisierung der Erbinformation in Körperzellen möglich ist, müßte auch eine gesteuerte und gezielte Teilerweckung der in ihnen normalerweise unterdrückten genetischen Potenzen möglich sein. Experimente in dieser Richtung dürften sicher mit Erfolg rechnen, und damit ergäbe sich für die Medizin die neue große Hoffnung, den Körper oder bestimmte Wundränder zur Regeneration ganzer Organe anzuregen. Verluste von Gliedmaßen oder Sinnesorganen könnten auf diese Weise durch natürliches Wachstum ausgeglichen werden. Eine andere Auswirkung solcher gesteuerten Zellkulturen, weniger sensationell und im Prinzip heute schon möglich, wäre von einschneidender Bedeutung für unsere Zivilisation und ihre Bedürfnisse: Zellkulturen könnten als Ernährungsgrundlage der Menschheit an die Stelle der Züchtung, Haltung und Schlachtung von Haustieren treten und den Menschen so von der Notwendigkeit befreien, töten zu müssen, um zu leben.

Wir sehen an solchen hoffnungsvollen Aspekten deutlich, was als grundsätzliche Möglichkeit hinter jeder neuen Technik steht: die Chance, auf eine Methode zu stoßen, die das menschliche und menschenwürdige Leben erleichtert. Doch sind zumeist die Gefahren des Mißbrauchs neuer Möglichkeiten wesentlich größer; Manipulation des Lebens wird daher heute mehr als Bedrohung denn als Verheißung für unsere Zukunft verstanden. Vor allem seit dem berüchtigten Ciba-Kolloquium, das 1963 in London von bekannten angelsächsischen Biologen durchgeführt wurde, sind besorgte Stimmen laut geworden, die davor warnen, daß das *Experiment Menschheit* schließlich zur Selbstabschaffung des

Menschen führen könnte. Die genetischen Utopien gehen allerdings schon auf einen älteren Entwurf zurück, den der amerikanische Nobelpreisträger H. J. Muller 1935 veröffentlichte, den man damals aber noch als phantastische Übertreibung abtun konnte. Natürlich geht es bei allen solchen Zukunftsprojekten um das, was auch im Ciba-Kolloquium angestrebt wurde, um eine »glücklichere und gesundere Welt«, aber bei Muller wird erstmals das Glück des Menschen in einer radikalen Umkonstruktion und Verbesserung seines Erbmaterials gesehen, und zwar in der durch bewußte Züchtung und Gen-Chirurgie zu erreichenden Schaffung eines »Volkes von Genies«. Im gleichen hochfliegenden Optimismus tritt ihm der bekannteste aller englischen Biologen, Julian Huxley, zur Seite: ›Ich sehe den künftigen Menschen‹ heißt die deutsche Übersetzung seines Buches. Tatsächlich meint Huxley, daß mit der biotechnischen Möglichkeit der Gen-Manipulation der Moment gekommen sei, wo der Mensch die Steuerung seiner körperlichen und geistigen Evolution selbst in die Hand nehmen und mit dem Schnitzmesser des Gen-Chirurgen seine Nachkommen maßgerecht an die Zukunft anpassen könne. Im Blick auf diese Zukunft sieht er den Menschen »als Fackelträger des Fortschritts im kosmischen Evolutionsprozeß« und trifft sich in solchen visionären Hoffnungen mit dem Plan, den – freilich von ganz anderem Grund ausgehend – Teilhard de Chardin für den Menschen entwirft.

Entschiedene Warnungen vor der »Verblendung der Forscher durch eine wissenschaftliche Utopie, der sie die Menschheit zu opfern bereit sind«, gingen vor allem von Friedrich Wagner (1964) aus, führende Naturwissenschaftler haben sich inzwischen im gleichen Sinn gegen die *Menschenzüchtung* (1969) ausgesprochen. Da die technische Möglichkeit der von den »Menschenmachern« geforderten Gen-Chirurgie bisher noch nicht entwickelt ist, das Herausschneiden einzelner Gene oder die Einfügung neuer Erbinformationen in vorhandene Chromosomen noch ganz außerhalb des Realisierbaren liegen, scheint uns heute noch eine Atempause gegönnt zu sein, in der die ruhige Besinnung sich auf die Frage konzentrieren muß, wer denn die Normen setzen soll und wo die Maßstäbe liegen, nach denen Verbesserungen an unserem Körper oder unserer Seele auszurichten wären. Der Theologe Karl Rahner hat die Biologen an die Methoden ihrer eigenen Wissenschaft erinnert, wenn er ihnen vorhielt: »Die Immunität gegen die Faszination eines neu gewordenen Möglichen in Nüchternheit und Kritik ist auf jeden Fall eine lebensnotwendige Tugend der neuen Menschheit der Zukunft. Auch die genetische Manipulation dürfte vorläufig sicher ein Anwendungsfall dieser Tugend sein.«

Versuchen wir uns in dieser lebensnotwendigen Tugend der kritischen Nüchternheit angesichts atemberaubender Möglichkeiten der Biotechnik, so stellt sich die Frage, die eigentlich schon seit der Zeit auf Antwort wartet, als der erste Frühmensch einen Faustkeil herstellte, mit diesem spitzen Werkzeug in der Hand zur Bedrohung seiner Artgenossen wurde und mit der Selbstabschaffung des Menschen begann. Sie lautet: Dürfen wir alles, was wir können? Eine solche Frage, so naheliegend und drängend sie ist, hat doch nur einen Sinn, wenn wir eine Instanz anerkennen, von der solche Erlaubnis oder solches Verbot ausgehen könnten. Für unsere Zoologie des Menschen ist eine erste Instanz dieser Art klar erkennbar; es ist die, deren Gericht auch alle anderen Lebewesen unterworfen sind: die Selektion, deren Urteilsspruch Überleben oder Aussterben heißt. Aber dem Urteil dieser Instanz hat der Mensch sich – eben durch die in Frage stehende Manipulation – längst entzogen. Es gibt keine Tierart, die mit ihm in Konkurrenz stünde, keinen ungebändigten Klimafaktor, der noch existenzgefährdend und auslesend eingreifen könnte. Der einzige und alles bestimmende Umweltfaktor des Menschen ist längst der Mensch selbst geworden – *Homo homini lupus,* oder wie es die Griechen schon wußten: der Mensch als das Maß aller Dinge.

Ein genetischer Eingriff, der die gesamte Menschheit trifft, kann daher an deren Überlebenschance kaum mehr etwas ändern; wo es nur erbliche Krüppel gibt oder nur umkonstruierte, wie auch immer geartete »neue« Menschen, werden sie Wege finden, sich am Leben zu halten, selbst wenn sie alle die Mißgeburten wären, die Aldous Huxley in ›Affe und Wesen‹ als Überlebende der Atomkatastrophe vorausahnte. Würde aber nur eine Rasse, nur ein Volk, an seinem Bestand manipulieren, so würde es schließlich von den anderen überrannt oder würde diese verdrängen, aber auch so wäre das biologische Urteil über die Art *Homo sapiens* nicht mehr im ganzen vollstreckbar. Die erste Instanz, der Gerichtshof der biologischen Auslese, ist für den Menschen als dominierendes Lebewesen unserer Erde nicht mehr zuständig.

Um so mehr ist es die andere, höhere Instanz, der er sich als einsichtig handelndes Wesen unterstellt: die Vernunft. Die aber sagt uns, daß man nur auf klar erkennbare Ziele hin einsichtig handeln kann und daß der maßgerechte Zuschnitt auf eine Zukunft, deren Landmarken niemand sieht, so wenig einsichtig ist, wie es das Verhalten eines Steuermanns wäre, der sein Schiff in der Richtung steuern wollte, die seine eigene Nase weist. Die menschliche Zukunft wird in unserer Gegenwart angelegt. Wenn es also um bewußte Eingriffe geht, so kann es nicht sinnvoll sein, den Menschen zukunftsgerecht gestalten zu wollen, sondern muß heißen, diese Zukunft menschenwürdig zu machen. Dafür ist es notwendig, daß der einzelne den Entscheidungen gewachsen ist, die von ihm verlangt werden, und daß er im reifen und mündigen Umgang mit seinen biologischen Antrieben in der Lage ist, der Vernunft gegenüber allen Verlockungen unvernünftiger, nämlich nur auf den eigenen Nutzen gerichteter Möglichkeiten zu folgen. Das Gebot der Mitmenschlichkeit und Liebe, das als einzig vernünftiges Verhalten für die Sicherung eines menschenwürdigen Lebens für alle übrigbleibt, ist daher kein romantischer Traum, sondern eine biologisch-menschliche Notwendigkeit, zu der wir uns selbst und unsere Kinder erziehen müssen, wenn wir die Gefahren einer Manipulation des Lebens bannen wollen. Dies Gebot wird oft den Verzicht auf Möglichkeiten des einzelnen fordern, aber es enthält zugleich den Gewinn, ihn zu solchem Verzicht fähig zu machen. Der Mensch, der so imstande ist, seine eigenen Antriebe, seine egoistischen Wünsche und Hoffnungen einem höheren Ziel unterzuordnen, erfüllt nun erst wirklich und in einem neuen, erweiterten Sinn den vollen Inhalt der alten Verheißung: »Macht euch die Erde untertan!«

Die Zukunft ist unsere eigentlich menschliche Dimension. Ein Leben, in dem sie nicht enthalten wäre, erscheint uns kaum vorstellbar. Tatsächlich könnte ein Mensch durch einen Unfall sein Gedächtnis, und damit seine persönliche Vergangenheit, vollständig verlieren: Wir würden dies Ereignis doch nicht als seinen Tod, sondern eher als eine Art neuer Geburt bezeichnen müssen, denn er würde nun, von einem Punkt Null aus, neu anfangen zu wirken und seine Fähigkeit zu einsichtigem Handeln zu entfalten. Diese Einsicht, die wir als unser Artmerkmal kennenlernten, ist ja immer gemeint als Einsicht in die Folgen des Handelns, als Einsicht in die notwendigen Wirkungen von Ursachen, und das heißt: als Einsicht in Zukünftiges. Manipulation des Lebens, des Menschen *zweite Natur,* ist in diesem Sinne ebenfalls zu verstehen als ein Wirken in die Zukunft. Denn während das Vergangene zugleich das absolut Unverfügbare, das Unabänderliche und damit das eigentliche Schicksal des Menschen wie aller Lebewesen überhaupt ist, hat die Zukunft diese von uns als Möglichkeit empfundene und letztlich ganz unbegreifliche Eigenschaft, daß es sie für unser Vorstellungsvermögen eigentlich noch gar nicht gibt, obwohl sie andererseits das alleinige Ziel allen unseren Handelns ist und sich in jedem Augenblick als Gegenwart zu erfahrbarer Wirklichkeit wandelt.

Dieser Wandel, bei dem aus vielen Möglichkeiten eine einzige Wirklichkeit hervortritt und im Schnittpunkt der Gegenwart zu unveränderlicher Vergangenheit erstarrt, kann nur beeinflußt werden, wo er selbst noch im Reservoir der Zukunft liegt. Unsere Möglichkeit, mit Einsicht in diese Zukunft auf unsere Gegenwart einzuwirken, erleben wir als Freiheit, und sie verleiht dieser Richtung unseres Handelns zugleich eine helle Farbe, denn sie macht sie zur Dimension der Hoffnung. In der ganz allgemeinen Ausrichtung allen Handelns auf die Zukunft im Sinne einer Weichenstellung für eine zu erwartende Gegenwart unterscheidet sich der Weise nicht vom Toren und der Mensch nicht vom Tier; aller Unterschied aber wird zu finden sein in der Ausdehnung der Strecke, die jeder von ihnen zu überblicken imstande ist. Die langfristigen von den kurzfristigen Interessen abzuwägen, das war die Tätigkeit, die Plato dem Wägemeister in uns anempfahl, und nur das Handeln nach langfristigen Interessen werden wir als wirklich einsichtiges Handeln bezeichnen dürfen, wenn der Ausdruck einen Sinn haben soll.

Gälte es nur, die Einsicht in die unmittelbaren Folgen zu wahren, nur die Vorsorge für die nächste Sekunde, so wäre jedes überhaupt folgerichtige Handeln zugleich auch einsichtig. Zu essen, weil man Hunger hat, zu trinken, um den Durst zu stillen, zu fliehen, um dem Angriff zu entgehen, sind Verhaltensweisen, die dem Bereich der animalischen Reflexe und Instinkte angehören. Selbst wenn sie nicht kurzgeschlossene Verhaltensprogramme wären, sondern eine Bewußtseinskontrolle einschalteten, wäre doch dies Handeln unmittelbar notwendig und damit zugleich unfrei. Ein Tier hat gewöhnlich gar nicht die Wahl, in einer konkreten Situation seine Not zu wenden oder sie nicht zu wenden, sondern es wird seine kurzfristigen Interessen zwangsläufig, eben in *Not-Wendigkeit* zu vollziehen suchen. Und genauso wird auch der Mensch handeln, der aus Krankheit, Unvermögen oder Unreife nicht frei ist zu echten Entscheidungen. Damit aber ist die eigentliche Dimension der Zukunft in solchen Handlungen zwar keimhaft enthalten, hat sich aber nicht wirklich entfaltet.

Überall, wo im Tierreich das Streben nach langfristigen Interessen, auf zeitlich größere Distanz, sichtbar wird, haben wir daher den Eindruck eines erklärungsbedürftigen, eines scheinbar menschlich-intelligenten Handelns. In der Brutfürsorge vieler Tiere ist das der Fall, wo Handlungen ablaufen, die erst sinnvoll werden, wenn eine Einsicht in den Zeitablauf vorliegt, und die damit zugleich höchst rätselhaft bleiben, da wir den Handelnden solche Einsicht nicht zubilligen können. So bestäubt das Weibchen der Yukka-Motte die Narbe der Blüte, an deren Fruchtknoten sie ihre Eier ablegt; eine zwangsläufige und zugleich höchst einsichtige Handlung, denn nur mit befruchtetem Blütenstand wird der Fruchtknoten anschwellen und den Mottenlarven später Nahrung bieten. Daß die Motte keine Einsicht in diese Zusammenhänge hat, ist klar, daß sie ihnen trotzdem gerecht wird, läßt sich weder leugnen noch durch Selektion und Zufallsmutationen hinreichend erklären. Auch das Anlegen von Nahrungsvorräten für den bevorstehenden Winter, wie wir es von manchen Nagern kennen, ist letztlich unerklärt und verblüfft deshalb, weil sich hier ein erster Umgang mit der Zukunft andeutet, ein Tasten in eine neue Dimension, die erst beim Menschen voll wirksam wird und bei uns dann das bestimmende Merkmal unserer Existenz ausmacht.

Erkenne dich selbst! – das war die Verheißung, die uns Religion und Philosophie am Beginn unserer Betrachtung zuriefen; es war zugleich der Auftrag, den wir an eine Zoologie des Menschen weitergaben. So haben wir nun, nachdem wir die Vergangenheit des Menschen, den langen Weg zu uns her, nachgeschritten sind, nach der Zukunft zu fragen, als der Dimension, die unserer Eigenart gerecht wird und von der her unser Standort in der Gegenwart überhaupt erst bestimmbar wird. Auch von einem einzelnen wissen wir erst wirklich Wesentliches, wenn wir erkennen, welche Zukunft er hat; die Erscheinung des Menschen als Ganzem, in aller ihrer geschichtlichen Einmaligkeit, kann uns nur dann begreiflich werden, wenn wir sie in der Dimension bestimmen können, die ihr eigentliches Wesen ausmacht. Versuchen wir also, die Zukunft zu bewältigen, indem wir die Frage stellen, die uns tiefer berührt als alle Vergangenheit und die uns wichtiger erscheint als jede Gegenwart: Was wird aus uns?

Da wir das Werden des Menschen als den Prozeß der Evolution verstanden haben, in ihr zwar nicht die letzten Ursachen, aber immerhin die Richtung einer Bewegung erkannten, scheint es nicht schwer zu sein, eine Prognose zu stellen. Es ist ja eine übliche wissenschaftliche Methode, Vorgänge durch rationale Analyse bis zur reinen Linie zu reduzieren und dann aus ihr zu extrapolieren. Man schließt: So wie die Entwicklung lief, wird sie – wenn kein Anlaß zur Änderung gegeben ist – mit größter Wahrscheinlichkeit weiterlaufen, denn jede Änderung der Richtung oder der Geschwindigkeit bedarf einer zusätzlichen Ursache, ihre Beibehaltung aber nicht. Tatsächlich kann man die Bahn einer Kanonenkugel nach dieser Methode voraussagen. Aber die Flugbahn, die der *Pfeil des Humanen* nimmt, wie Portmann die Entwicklung des Menschen nannte, ist eine Gleichung mit vielen Unbekannten, von denen wir einige bereits erwähnten: Evolutionsgeschwindigkeit, Mutationsrate, Selektionswert, Intuition und Tradition, Akzeleration und genetische Gefährdung durch Zivilisationsschäden. Alle diese Erscheinungen sind zwar faßbar, aber nicht exakt in die Gleichung einzusetzen, so daß ein einfaches Hochrechnen der menschlichen Weiterentwicklung unmöglich ist, selbst wenn wir davon absehen würden, daß ja die bevölkerungspolitische Manipulation hier direkt eingreift und die aktive Gestaltung unserer zoologischen Zukunft an die Stelle ihrer wissenschaftlichen Beschreibung setzen will.

Die Erscheinung der Akzeleration kann uns klarmachen, wie wenig es möglich ist, mit der wissenschaftlichen Bestandsaufnahme der Vergangenheit in die Zukunft hineinzureichen. Ohne ersichtlichen physiologischen Grund stieg die durchschnittliche Körpergröße der Europäer und Nordamerikaner etwa seit der Jahrhundertwende erheblich an; in eine mittelalterliche Ritterrüstung paßt kaum ein normal gewachsener heutiger Mann noch hinein. Von 1910 bis 1940 stieg die Durchschnittsgröße der Nordeuropäer um 10 cm, nordamerikanische Kinder sind zur Zeit ihres Schuleintritts heute etwa 2 kg schwerer als vor 40 Jahren; die Geschlechtsreife ist bei Jugendlichen in unserem Kulturraum gegenüber der Jahrhundertwende um durchschnittlich zwei Jahre vorverlegt. Wo kämen wir aber hin mit unserer Prognose, wenn wir nun diese exakt wissenschaftlichen Zahlenwerte als Ausdruck einer gesetzmäßigen Evolution erklärten und in die Zukunft projizieren wollten? Für das Jahr 2000 schon ergäben sich bedenkliche Zahlen, und für das Jahr 2500 müßten wir ein Geschlecht von Riesen prophezeien, bei dem bereits die Säuglinge geschlechtsreif wären.

Aber auch bei langfristigen Evolutionstendenzen greift unsere Prognose ins Ungewisse, wenn sie sich auf Gesetze stützen will, die auf den erkennbar gewordenen Teilstrecken gültig waren. Daß die starke Entwicklung des Gehirns das wesentliche körperliche Merkmal der Menschenentwicklung innerhalb des Primatenstammes war, ist unbestreitbar, ebenso die natürliche Begrenzung, die eine Zunahme des kindlichen Kopfumfangs in der möglichen Weite des Geburtskanals im mütterlichen Beckenknochen findet. Es ist auch vorauszusehen, daß die Mutation besonderer Großköpfigkeit, falls es sie gibt, sich durch die zunehmende Schwierigkeit oder schließlich Unmöglichkeit der Geburt von selbst auslesen würde. Aber seit es die Entbindung durch Kaiserschnitt gibt, fällt diese natürliche Schranke für die Größenzunahme des Kopfes fort. Manche Forscher haben daher angenommen, daß eine Evolution in Richtung auf größeres Kopf- und Gehirnvolumen einsetzen könnte, sowie die Menschheit einige Generationen lang die Schnittentbindung anwendet. Dieser Gedanke ist sicher richtig, doch ist es zugleich das Kennzeichen unserer Zivilisation, daß auch Kleinköpfigkeit und Kleinhirnigkeit in ihrem Schutz gedeihen, so daß also weniger eine bestimmte Entwicklungsrichtung als vielmehr das Aufsplittern einer Tendenz nach allen Richtungen von ihr gefördert wird. Nur eine gleichzeitig einsetzende künstliche Auslese, d.h. eine Selektion im Sinne der Tötung unerwünschten Lebens, würde die alten Gesetze der Evolution im Raum der Zivilisation erneut in Kraft setzen. Gerade dies aber empfinden wir als unmenschlich, und es bliebe höchst fragwürdig, zu hoffen, durch unmenschliche Methoden vermehrte Menschlichkeit herbeizuführen. Das erste Zeichen des wirklich erfolgreichen Resultats solcher Methode müßte daher sein, daß die Generation von Zukunftsmenschen mit ihren größeren Gehirnen und ihrer größeren Vernunft die Bedingungen wieder abschaffte, durch die ihre Entstehung möglich wurde. Denn die Höhe der Entwicklung eines Menschen erweist sich unter anderem daran, wie weit er zur Toleranz und helfenden Mitmenschlichkeit gegenüber weniger hoch Entwickelten fähig ist. Es zeichnet sich da ein sittlicher Regelkreis ab, der eine Ruhelage anstrebt, die der Bewegung der biologischen Evolution entgegenwirkt.

Das gilt auch für die Möglichkeit, das nachgeburtliche Gehirnwachstum durch genetische Manipulation oder Selektion zu steigern. Der russische Anatom Bystrow entwarf das Zukunftsbild eines Menschen kommender Jahrtausende, bei dem dieser Wachstumsfaktor nicht mehr wie heute bei uns etwa fünf beträgt, sondern zwanzig oder gar dreißig. Ein riesiger, hochstirniger Schädel, fast wie der eines Embryos anzusehen, schwankend auf dünnem Hals, mit einem Superhirn, das Apparate ungeahnter Vollkommenheit ersinnt und bedient, das zugleich die Gliedmaßen entbehrlich gemacht hat, so daß sie schwach und unentwikkelt, fast nur störend, am schmächtigen Körper sitzen – ist das der Mensch des Jahres 10000 oder doch des Jahres 100000? Die Science-fiction-Autoren haben alle diese Möglichkeiten längst durchgespielt, aber die Biologen müssen hier vor Illusionen warnen, falls irgend jemand eine solche Vision als Illusion und nicht als grauenvollen Alpdruck empfindet. Die ausreichende Sauerstoffversorgung des Gehirns, als die unabdingbare Voraussetzung für sein Funktionieren, könnte bei einem solchen Superschädel nur von einem Superherzen geleistet werden. Dies wiederum bedürfte zu seiner Arbeit einer Superlunge, diese eines kräftigen, muskulösen Super-Brustkorbs und die Ernährung aller dieser Organe eines Super-Verdauungssystems. Kurzum: zu einem Riesenhirn müßte ein Riesenkörper gehören, wenn es arbeiten sollte, und so bleibt von der ganzen Spekulation biologisch weiter nichts übrig als die simple Idee, daß sich das Größenwachstum der Menschen in Zukunft steigern könnte, wie es ja die erwähnte Akzeleration bereits andeutet.

Größe an sich ist nun aber, das weiß der Biologe genau zu belegen, noch kein Selektionsvorteil, falls man nicht in einer kalten Umgebung lebt. Da der Mensch aber das Klima seiner Umgebung reguliert, sich gleichmäßige Wärme selbst herstellt, überwiegt bei der Körpergröße eher der Nachteil des erhöhten Nahrungsbedürfnisses. Für die voraussehbaren Ernährungsschwierigkeiten der zukünftigen Weltbevölkerung wäre es daher eher ein Vorteil, wenn die Menschen kleiner wären und weniger Nahrung benötigten. Was aber die mögliche Vergrößerung des Gehirns in einem größeren Körper betrifft, so wäre ein Vorteil daraus erst ableitbar, wenn die Kapazitäten der jetzt vorhandenen Gehirngröße voll ausgenutzt wären. Das aber ist bei weitem nicht der Fall; erhebliche Teile des Gehirns bei der heutigen Menschheit sind leere Reserveplätze, die – bisher vergeblich – der Füllung und Ingebrauchnahme harren. Bei allen Rechtshändern liegen z. B. viele motorische Bereiche der für die linke Hand zuständigen rechten Vorderhirnhälfte brach, umgekehrt bei Linkshändern in der linken Hälfte. Man versuchte bereits, diese Zentren nutzbar zu machen, indem man beide Hände zu gleichen Leistungen trainierte, aber auch Personen, die rechts- und linkshändig geläufig schreiben können, zeigen keine meßbare Steigerung der Intelligenz. Da auch durch Unfall zerstörte Vorderhirnzentren sich manchmal an anderen Stellen des Hirns neu aufbauen können, so daß verlorene Fähigkeiten nach einiger Zeit wieder auftreten, steht fest, daß unser Gehirn in seiner jetzigen Größe zu wesentlich mehr fähig wäre, als es bisher leistet. Es hat in seinem Volumen seit der Zeit der Neandertaler keine Größenzunahme mehr erfahren und dürfte also – wenn wir einmal eine grobe Schätzung wagen wollen – zumindest noch eine Verdoppelung der heute erreichten technisch-motorischen Intelligenz und Kombinatorik erlauben, ehe seine Speicherfähigkeit voll ausgelastet wäre. Gerade für die Speicherfähigkeit, für das Gedächtnis, ist aber eine Steigerung der Ansprüche gegenüber dem heutigen Stand nicht unbedingt zu erwarten, eher die Entlastung in einer Zukunft, in der zunehmend auch im Leben des einzelnen die Computer den Dienst der Datenspeicherung und -verarbeitung übernehmen werden. Ernsthafte Schätzungen der Futurologen der RAND-Corporation rechnen schon vom Jahre 2000 ab mit direkten Kopplungsmöglichkeiten zwischen Computern und dem menschlichen Gehirn.

Spätestens dann, hoffentlich aber schon früher, wird klarwerden, daß die Datenspeicherung und logische Aufbereitung gar nicht die einzige und auch nicht die wichtigste Leistung unseres Gehirns ist, sondern daß nur als Folge der unsere Zeit kennzeichnenden »Verkopfungsneurose« alle Aufmerksamkeit und auch alle Hoffnung des einzelnen wie der Gesellschaft sich auf diesen Teilbereich seiner Fähigkeiten richtet. Dadurch sind die anderen Leistungen unseres Gehirns, das Gefühl und das Ahnungsvermögen, die Intuition, die Fähigkeit, sittliche Werte zu errichten und durchzuhalten, vor allem aber die mitmenschlichen Kräfte des Vertrauens und der Liebe, in ihrer Entfaltung gehemmt und drohen zu verkümmern. Der französische Neurologe Paul Chauchard hat in seinem Buch über ›Biologie und Moral‹ (1968) eindrücklich darauf hingewiesen, wie nötig es ist, die Menschen unserer rationalen, technisierten Zeit für eine neue, begeisternde Technik zu gewinnen, »nämlich für die Fähigkeit, die wunderbarste Maschine von allen richtig zu nutzen, das menschliche Gehirn, das unser Dasein ermöglicht«.

Eine Steigerung der Leistungen unserer Vernunft, als der höchsten, zu sittlichen Urteilen fähigen Instanz unseres Gehirns, hängt also gar nicht von einem eventuellen zusätzlichen Wachsen der Gehirngröße ab, sondern von einer verbesserten Ausnutzung des bereits vorhandenen. Damit aber mündet unser Gang in die Zukunft der Evolution wieder ein in den sittlichen Regelkreis, von dem wir bereits sprachen: Menschliche Höherentwicklung des einzelnen wird sich in seiner vermehrten Menschlichkeit ausdrücken, diese aber bedeutet stets zugleich vermehrte Toleranz und Mitmenschlichkeit gegenüber den anderen, auch gegenüber den weniger hoch Entwickelten. Damit fällt die Vernunft jeder Manipulation der Entwicklung in den Arm, zugleich aber auch jedem natürlichen Fortgang der Evolution. Menschliche Solidarität arbeitet grundsätzlich jeder Selektion direkt entgegen, sie will das Recht auf Leben für alle, also auch für die Kranken, die weniger Entwickelten, die weniger Vernünftigen. Sogar bis zu der allen natürlichen Reaktionen entgegenlaufenden Haltung »Liebet eure Feinde!« kann sich im Extrem die sittliche Leistungsfähigkeit des Menschen steigern bei einer Gehirngröße, die wir alle heute schon aufweisen. Sollte also die Menschheit wenn nicht zur Liebe, so doch zu einer solidarischen Duldung Andersartiger und sogar der Feinde sittlich auszureifen imstande sein, so wäre damit klar, daß in der Aufhebung der natürlichen und der künstlichen Selektion zugleich auch die biologische Evolution zum Stillstand kommen müßte.

Das sicherste Zeichen für diesen beginnenden Stillstand ist das Aufsplittern der sonst durch Selektion eng beschnittenen Variationsbreite unserer Art. Wo das körperlich und seelisch unter der

Norm Liegende nicht mehr ausgemerzt, sondern geduldet und durch die über der Norm liegenden Individuen sogar ausdrücklich geschützt wird, wo also die Breite der Norm selbst sich ständig ausdehnen kann, ergibt sich eine zunehmende Vielfalt der Formen, eine immer größere Variabilität der lebensfähigen Einzelwesen, die schließlich den Rahmen der Norm ganz aufhebt. Tatsächlich ist diese Erscheinung der Polymorphie, die der Biologe am Endpunkt einer zum Stillstand gekommenen Evolution erwarten muß, schon heute beim Menschen auffällig. Der Münsteraner Zoologe Bernhard Resch folgerte daraus: »Für die wesentlichen Züge ihrer körperlichen Struktur wird die Menschheit mithin unverändert bleiben.« Wir können also für die Zukunft prophezeien, daß es stärkere und schwächere, wandlungsfähigere und starrere Individuen geben wird als jemals vorher, daß immer intelligentere, aber auch immer unintelligentere einzelne in der Gesellschaft existieren können, moralisch höher und weniger hoch entwickelte, und daß weitere Steigerungen der körperlichen Leistungen von Sportlern zu immer neuen Rekorden führen, andererseits aber auch immer mehr körperlich und seelisch gehemmte und geschädigte Menschen in der Gemeinschaft eine Existenzgrundlage finden werden. Da es unvermeidbar ist, daß die Erbmasse der Menschheit durch den Wegfall der Selektion sich verschlechtert, müssen wir schließlich damit rechnen, daß die Vielfalt der menschlichen Einzelerscheinungen auch in der negativen Abweichung von der Norm neue »Rekorde« aufweisen wird, denen wir mit neuen Rekorden an mitmenschlicher Solidarität zu begegnen haben, da sie der Preis sind, den die Kultur für uns alle an die Natur zu zahlen hat.

Betrachten wir die ganze schon heute erreichte Vielfalt von Möglichkeiten des einzelnen, ein Mensch zu sein, und zwar stets ein ganz bestimmter, durch Gestalt und Verhalten unverwechselbar gekennzeichneter Einmaliger, so wird klar, daß die Menschheit als Ganzes längst den Rahmen dessen gesprengt hat, was man zoologisch eine Art nennt. Es gilt zwar weiter, daß diese einzelnen nur untereinander und mit sonst keinem Lebewesen fortpflanzungsfähig sind, biologisch ist also das Artkonzept streng gewahrt, aber zugleich gilt auch, daß die Menschheit die einzige Gruppe von Lebewesen darstellt, bei der die Unterschiede zwischen den Individuen gerade in den Artmerkmalen, in Sprache und einsichtigem Handeln, wesentlich größer sein können als die Gemeinsamkeiten. Und gerade diese Unterschiede, die Polymorphie im Geistigen wie schließlich auch im Körperlichen, wachsen immer weiter an. Daher soll uns die Zoologie für unsere Frage nach dem Menschen schließlich mit einem letzten Vergleich dienen, als Antwort auf unsere Forderung: Erkenne dich selbst! Überschauen wir die ganze mögliche Vielfalt der seelischen und geistigen, der eigentlich menschlichen Erscheinungsformen, so läßt sich die Menschheit eher mit der Lebensfülle der Tierwelt insgesamt vergleichen als mit irgendeiner einzelnen Art. Was bei den Organismen die wertvolle, durch einen gewaltigen biologischen Aufwand an Individuen und Strukturen geschützte Grundlage und letzte historische Wirklichkeit der Evolution ist, die Art, dem entspricht in dem neuen, über der Natur etablierten Raum der menschlichen Kultur der einzelne, der von ihr mit dem ganzen Aufwand der Zivilisation und mit der ganzen Anstrengung der Vernunft geschützt wird.

Die Evolution der Lebewesen hat damit auf eine Ebene geführt, in der die Gesetze der Art verblassen gegenüber denen des Individuums. Jeder von uns ist nun zu dieser einmaligen und wertvollen geschichtlichen Wirklichkeit geworden, in der in diesem Augenblick die Bewegung der Evolution gipfelt. Alle weitere Evolution ist von nun an Entwicklung des einzelnen, alle Hoffnung oder alles Elend der vertanen Chance ruhen nun auf dem menschlichen Individuum. Das Gefühl für diese weit über die biologischen Artgesetze hinausgehobene Bedeutung des einzelnen, das in unserer Zeit der naturwissenschaftlich-soziologischen Aufklärung und Selbstbefreiung die Gesellschaft erfaßt, wird als neue Freiheit erlebt, als Gewißheit eines ungeahnten Reichtums. Als Freiheit zu Entscheidungen stellt sie Anforderungen, für die das biologische Verhaltensinventar unserer Art nicht ausreicht, die daher neue Kräfte verlangen. Diese Freiheit wird dem einzelnen zunächst noch am leichtesten erfahrbar in der elementaren, bereits in dem biologischen Verhaltensinventar der Art vorhandenen Möglichkeit, alles Beengende und alle Grenzen zu sprengen und alle Gesetze und Traditionen in Frage zu stellen. Wie niemals vorher werden die als Fesseln empfundenen Schranken der Moral abgeworfen, vor allem im Bereich der Sexualität, der Ordnungsgefüge äußerer Autorität, aber auch der persönlichen Disziplin, Gesundheit und Nüchternheit. Der eigentliche Gewinn aller dieser protestierenden Selbstbefreiung aus übernommenen Beschränkungen ist aber gar nicht die so gewonnene Freiheit selbst, sondern das Erlebnis, die rauschartige, im Grunde immer wieder unbegreifliche Erfahrung, daß die eigene Kraft wirklich ausreichen kann, solche Freiheiten zu erringen.

Kein Zweifel, daß wir damit in einer moralischen, politischen und zugleich historischen Krise stehen. Diese Krise der Selbstbefreiung des einzelnen aus den Gesetzen seiner Art, diese Pubertätskrise der Menschheit, kann zu Katastrophen führen, in denen der einzelne zerbricht und mit ihm vielleicht der Bestand ganzer Kulturen, ja sogar der unserer Art. Zugleich gilt aber, was der Philosoph Georg Picht aussagte: »Die geschichtliche Krise ist die einzige Form, in der wir zu bestehen vermögen.« Damit diese Krise zu einer läuternden Katharsis und nicht zu einer tödlichen Katastrophe wird, ist es nötig, daß die erwachende Kraft des einzelnen, die sich heute bei so vielen im Taumel einer bilderstürmenden Wertplünderung und Selbstzerstörung austobt, wenigstens bei einigen zu noch stärkerem Ausdruck der Einmaligkeit, zur bewußten Verantwortung für andere anwächst. Im Krachen und Bersten der niederbrechenden Grenzpfähle von bisher gültiger Moral müssen einzelne die feinen Ohren bewahren für die leisen und beständigen Töne, müssen die Kraft aufbringen zu Entscheidungen, in denen sie die sittlichen Werte hinübertragen in jene Zukunft, die nach dem Zerstören des Alten noch kommen könnte. Es bedarf heroischer Anstrengung, um heute Tugenden wie Besonnenheit, Treue, Demut oder gar Keuschheit – alles große Worte, die kaum einer mehr hören mag – als persönliche Lebenshaltung in unsere Gesellschaft einzubringen, so wenig sie dort gefragt sind, und sie mitten durch einen anwachsenden Trümmerberg zerschlagener Gesetzestafeln hindurchzutragen. Wir alle wissen von einzelnen, die solche Haltung, fast wider alle Vernunft, als ihre Lebensentscheidung durchzustehen versuchen und sie wie ein Licht in die Dämmerung setzen. Sie bürgen dafür, daß diese Werte verfügbar bleiben und nach einem Sieg der Vernunft bereitstehen als Bausteine für eine Zukunft, von der Bert Brecht träumte in seiner Bitte an die Nachgeborenen: »Ihr aber, wenn es soweit sein wird, daß der Mensch dem Menschen ein Helfer ist, gedenkt unser mit Nachsicht!«

Nur auf den Trümmern von vielem Überkommenen kann diese neue Moral entstehen, denn sie ist das ganz neue Verhalten, dessen Träger der einzelne ist und erst auf dem Umweg über ihn auch die Gesellschaft. Alle alten Verhaltensnormen dagegen, die nun zu Bruch gehen, meinten die Art, die Gesellschaft, die Nation, die privilegierte Gruppe oder die Familie und zuletzt erst den einzelnen. Sie waren damit letztlich biologisch orientiert als verfeinerte Stilformen einer Zoologie des menschlichen Verhaltens. Sie sicherten mit den Mitteln der Vernunft den höchsten zu erreichenden Lebensgewinn des einzelnen innerhalb seiner Gruppe und zugleich die bestmögliche Vermeidung von Nachteil. »Was du nicht willst, das man dir tu, das füg auch keinem andern zu!« war die Maxime dieser Moral, und sie flocht daraus ein Netz gegenseitiger Territoriums-Garantien; ihre letzte Weisheit hieß: Alle Menschen sind gleich, alle haben gleiche Pflichten und gleiche Rechte.

So gut es wäre, wenn wenigstens diese Maxime, sozusagen als moralisches Existenzminimum, überall durchgehalten würde, sie wäre doch nur die letzte Konsequenz für das vernünftige Miteinander einer Herde von Gleichartigen. Gerade das aber sind die Menschen nicht, ganz gewiß werden es die nicht sein, die nach dieser gegenwärtigen Krise aller hergebrachten Werte schließlich als die Stärksten und als die Schwächsten überleben und eine neue Form des menschlichen Miteinander finden wollen. In klarer Konsequenz aus der neuen zoologischen Situation der Art Homo sapiens wird es bei ihnen heißen müssen: Die Menschen sind *nicht* gleich, sie haben unterschiedliche Pflichten und unterschiedliche Rechte. In klarer Konsequenz aus der neuen moralischen Situation, die sich für jeden einzelnen ergibt, der sich aus den Zwängen der Hackordnung und der Territoriumsverteidigung eines Herdentieres befreit hat, wird es zugleich heißen müssen: Die Ranghöhe des einzelnen erweist sich daran, wieweit er auf Rechte verzichten kann, wieweit er aus Liebe handelt und seine Entscheidungsfreiheit benutzt, um sinnvolle Pflichten für andere zu erkennen und zu übernehmen. Äußere Gesetze und Normen werden für den einzelnen in dieser Situation kaum noch in der Weise verbindlich sein, daß sie ihn eigener Entscheidungen entbinden. Er hat ja, wie uns am mythologischen Bild des Sündenfalls klar geworden war, als gesunder und reifer Erwachsener die Fähigkeit und damit zugleich die Pflicht, Gut und Böse zu unterscheiden – doch wird, solange die Leistung unserer Vernunft den gleichen menschlichen Normen unterliegt, das Gebot, das er sich gibt, auf weiten Strecken zusammenfallen mit den Regeln, die auch vorher schon als vernünftige Verhaltensformen in der Gesellschaft galten. Das Gesetz, das der einzelne für sich entwirft, wenn er frei geworden ist von den biologischen Zwängen der Art, steht so zuletzt nicht gegen die Natur und ihre Artgesetze, sondern weitet sie in eine Dimension aus, die sich als neue Sphäre über ihr entfaltet.

Mit dieser Hoffnung, für die wissenschaftliche Beweise nicht verfügbar sind, haben wir die Grenze des Gebietes überschritten, das uns so sicheren Grund und festen Halt bot. Aus der Zoologie des Menschen läßt sich allein nicht ableiten, was über sie hinausführt. So müssen wir uns, die wir die Lösung des Rätsels suchen, das wir selbst sind – und vor allem die Antwort auf unsere Frage: was wird aus uns? –, daran erinnern, daß die Naturwissenschaft nur eine der drei Instanzen ist, die den Zugang zur Erkenntnis der Wirklichkeit vermitteln. Sie regiert unsere Zeit und unsere Gesellschaft, sie formuliert die Sprache, die jedem verständlich ist, sie gibt sichersten Gewinn und fordert am wenigsten persönlichen Einsatz, aber sie hat ihre Grenzen, an die wir immer dann schmerzlich stoßen, wenn es um den Sinn geht, also um das, was hinter ihren Gesetzen und hinter ihrem Zufall steht.

Hat uns diese Art des Denkens an ihre Grenze geführt, so muß die andere Instanz die weitere Führung übernehmen, wenn wir weitergehen wollen – die Philosophie. Karl Jaspers definierte sie als »das Denken, in dem keine zwingende Allgemeingültigkeit erkannt wird, das aber Gehalte offenbart, die das Leben tragen. Dieses Denken dringt, erhellend, nicht erkennend, in den Grund unseres Selbst und des Seins.« Es wird in einer Menschenwelt, die den einzelnen als ihren höchsten gesellschaftlichen Wert ansieht, auch die ideologische Macht der philosophischen Autorität nicht länger bestehen können, doch bleibt die Funktion der großen Gedankengebäude als Modell und Angebot für den eigenen Weg zur Einsicht in den Sinn erhalten. In dem von der Philosophie erhellten weiten geistigen Raum, dem eigentlichen Lebensraum des Menschen, findet der einzelne in der ganzen Einmaligkeit seiner Existenz und in der ganzen Möglichkeit seiner Entwicklung und Wandlung Platz, und aus der Menge dieser einzelnen wird hier ein geistiges Universum, das in Anziehung und Abstoßung sich seine Ordnung und seine Werte schafft und vermehrt. In dieser Sicht wird auch klar, was die *Kunst* uns als deutliches Gleichnis menschlicher Eigenart und Kraft durch alle Zeiten hindurch lehrte: daß der einzelne, wo er schöpferisch wird und selbst Werke schafft, alle Grenzen der Biologie und wissenschaftlichen Logik weit hinter sich läßt und in neue Räume vorstößt. Hier wird spürbar, was für jeden von uns gilt, ob wir große Werke schaffen, unverkennbar und an jedem Pinselstrich für alle Zeiten einmalig, oder ob wir in der Stille wirken mit bescheidenem Ziel und ohne sichtbaren Erfolg: daß jeder von uns unverlierbar ist, unersetzbar, gerichtet auf ein Ziel, auf einen vielleicht nur ihm erkennbaren Sinn seines Lebens und seines Leidens.

Damit aber tritt auch die erste und älteste Instanz menschlicher Daseinsbewältigung wieder in ihr Recht: die Religion, das heißt die Fähigkeit und Kraft, Wahrheiten hinter der Wirklichkeit von Wissenschaft und Philosophie zu ahnen, und der Mut, sich ihnen zu unterstellen. Was wir als neue, über die Zoologie unserer Art gelagerte Dimension unserer Kultur, unseres eigentlich menschlichen Verhaltens erkannten, was die Philosophie als den Raum geistiger Werte mit ihrer Einsicht erhellte, das findet in den alten Weisheiten und neuen Gewißheiten der Religion seine Entsprechung. In den Visionen eines Teilhard de Chardin nimmt dieser Raum die Gestalt einer *Noosphäre* an, die sich über die Biosphäre der Erde breitet. Und noch deutlicher nennt Paul Chauchard es die *Agaposphäre,* das Reich der Nächstenliebe, oberhalb aller Zwänge der animalischen und auch der nur rationalen Kreatürlichkeit. In der christlichen Religion ist dem einzelnen stets der unmittelbare und unverlierbare Wert bestätigt worden, den nun auch die anderen Instanzen unserer Vernunft ihm zubilligen wollen, auch wenn sie ihn nicht als Gegenüber und Partner, als Geschöpf und Ebenbild Gottes erkennen. Wo alle drei Instanzen unserer Vernunft in ihrer Aussage auf den gleichen Grund stoßen, wird er zur Wahrheit, in der die Evolution des einzelnen ihr Ziel erreicht, nicht zum Stillstand kommt, sondern zum Frieden, der ein Ruhen in der Ordnung ist.

Aber nicht, daß es wieder üblich würde, religiös zu denken, könnte eine sinnvolle Entwicklung der menschlichen Zukunft sein. Was auch immer getan wird, nur weil es üblich ist, stünde dieser Zukunft sogar entgegen. Selbst wenn es Mode würde, von nun an moralische Werte, und seien es die höchsten, zu bewahren, wäre die Menschheit nicht wirklich weitergekommen. Sie braucht die freie Entscheidung des einzelnen. Mit dem Strom zu schwimmen ist zwar kräfteschonender, als gegen ihn anzukämpfen, aber die Freiheit liegt in keiner dieser Bewegungen, sondern nur in der Fähigkeit zu eigener Entscheidung für eine Richtung und in der Kraft, sie dann mit oder gegen den Strom durchzuhalten. So wird eine Entwicklung der Welt zur Gemeinschaft mündiger einzelner allen Ideologien und allen Dogmen entgegenstehen müssen, eben weil sie Strömungen sind, die tragen wollen, wo wir aufgerufen sind, selbst zu tragen. Im Entschluß zu solcher Haltung, der ein Entschluß zu uns selbst ist, verliert sich zuletzt der alte, quälende Zweifel um den rechten Propheten, den rechten Glauben, die rechte Weltanschauung. Am Ende der Entwicklung steht der einzelne, der seinen eigenen Weg suchen gelernt hat, der ihn findet und die Kraft hat, ihn zu gehen. Für ihn werden alle Propheten falsche Propheten sein.

Wenn aber unsere Überlegungen bis zu diesem Punkt gelangt sind, so haben wir die letzte Folgerung auch auf die Aussagen dieses Buches und auf seinen Autor anzuwenden: auch er wird als einzelner kein Prophet sein für andere einzelne und ihre Entwicklung. Doch gibt es die Funktion des Wächters, auch des Warners und Wegweisers, die ein jeder von uns, so gut er kann, für den anderen erstreben sollte als die Form der Mitmenschlichkeit, mit der er die Brüderlichkeit und Liebe in der Welt mehrt. »Erkenne dich selbst«, so hieß unsere Aufgabe, und wir schließen unser Bemühen um dieses Ziel mit einem alten Wort, das in fast zweitausend Jahren nichts verlor von seiner Frische und Kraft: *»Ich schätze mich selbst noch nicht, daß ich's ergriffen habe. Eins aber sage ich: ich vergesse, was dahinten ist, und strecke mich zu dem, das da vorn ist.«*

Literatur

Alle Schriften hier aufzuführen, die bei der Vorbereitung und Abfassung dieses Buches direkt oder indirekt nützlich und hilfreich gewesen sind, wäre technisch unmöglich; eine solche Aufzählung wäre aber auch unnötig. Es kann nicht der Sinn eines Literaturverzeichnisses sein, die komplette Bibliothek des Autors und alle Quellen seiner Information zu dokumentieren, denn die sporadische Verweisung auf solche Quellen muß insgesamt problematisch bleiben: Werden vom Autor sachliche Fakten vermittelt, so ist die Kenntnis ihrer historischen Herkunft für den Leser von geringem Wert, denn er bleibt auf weiten Strecken der Lektüre trotz aller Zitate und Rückversicherungen doch darauf angewiesen, der wissenschaftlichen Glaubwürdigkeit des Autors selbst zu vertrauen. Geht es aber über die Darstellung von Fakten hinaus um deren Deutung, so wird der Gebrauch, den der Autor von Zitaten und historischen Anlehnungen macht, zu einem bloßen Stilmittel, das wohl die Form seines Vortrags auflockern, ihn aber nicht aus der persönlichen Haftung für seine Aussagen entlassen kann. Welche Verbündete er neben seinen eigenen Truppen ins Feld führt, ist eine Frage der stilistischen Taktik, für die sich ein schier unermeßliches Arsenal möglicher Aussagen in der Literatur zur Auswahl anbietet. Daß aus diesem Vorrat auch jede mögliche Gegendarstellung die Verstärkung für ihre Argumente rekrutieren könnte, wird jedem einsichtigen Leser klar sein. Die Verantwortung für das, was der Autor als Deutung der Fakten vorträgt, können und sollen ihm daher die zitierten Autoritäten nicht abnehmen. Doch verbleibt eine Dankespflicht gegenüber denen, die ihm mit ihrer Aussage halfen, zur eigenen Deutung zu finden und zugleich zu dem Mut, für sie einzustehen.

Es werden daher in der folgenden Liste nur wenige Bücher und Aufsätze erwähnt, denen sich der Autor besonders verpflichtet weiß und auf die der Leser für eine weitere Verfolgung der angeschnittenen Fragen dringend hinzuweisen ist. Dazu gehören vor allem die Werke, auf die ausdrücklich und in wichtigem Zusammenhang Bezug genommen wurde; allerdings nicht die meist historischen Schriften, deren Titel und Erscheinungsjahr bereits im Text genannt sind.

Altner, G.: Die »Schöpfung« und das »sogenannte Böse« bei Konrad Lorenz. Kirche in der Zeit, Bd. 21, 1966, S. 1–5

Ardrey, R.: Adam kam aus Afrika. München (dtv) 1969

Aristoteles: Tierkunde (übers. von *Aubert* und *Vimmer*). Leipzig (Engelmann) 1868

–: Über die Seele (übers. von *Theiler*). Reinbek (Rowohlt) 1968

Ballauf, Th.: Die Wissenschaft vom Leben. Freiburg (Alber) 1954

Bednarik, K.: Die Krise des Mannes. Wien (Molden) 1968

Bitter, W.: Gut und Böse in der Psychotherapie. Stuttgart (Klett) 1966

Buddecke, E.: Biologische Utopien und gesellschaftliche Probleme. Pastoraltheologie, Wissenschaft und Praxis, Bd. 58, 1969, S. 162–173

Chauchard, P.: Wie frei ist der Mensch? – Biologie und Moral. Düsseldorf (Patmos) 1968

Ciba-Kolloquium (Hrsg.: *Wolstenholme*): Man and his Future. London (Ciba-Foundation) 1963

Cremerius, J.: Die Prognose funktioneller Syndrome. Stuttgart (Enke) 1969

Eckart, K.-G.: Der Gottesgedanke als Interpretation der Welt, in: *Laskowski,* Der Weg zum Menschen. Berlin (de Gruyter) 1968
Eibl-Eibesfeldt, I.: Grundriß der vergleichenden Verhaltensforschung. München (Piper) 1967
Fester, R.: Die Sprache der Eiszeit. Die Archetypen der Vox humana. Berlin (Herbig) 1962
Gebsattel, V. E. von: Allgemeine und medizinische Anthropologie des Geschlechtslebens, in: *Giese,* Die Sexualität des Menschen. Stuttgart (Enke) 1968
Guenther, K.: Zur Geschichte der Abstammungslehre, in: *Heberer,* Die Evolution der Organismen. Stuttgart (Fischer) 1967
Harlow, H. F., und *Harlow, M. K.:* Social Deprivation in Monkeys. Scientific American, Bd. 207, 1962, S. 137–146
Heberer, G.: Homo, unsere Ab- und Zukunft. Stuttgart (dva) 1968
–: Die Evolution des Menschen, in: *Altner,* Kreatur Mensch. München (Moos) 1970
–: Ursprung des Menschen. Unser gegenwärtiger Wissensstand. Stuttgart (Fischer) 1969
Heidegger, M.: Der Weg zur Sprache, in: Die Sprache (Vortragsreihe). München (Oldenbourg) 1959
St. Hildegard: Mystisches Tier- und Artzneybuch (1150–1160). Wien (Gloriette) o. J.
Howell, F. Cl.: Der Mensch der Vorzeit. Amsterdam (Time-Life International) 1969
Huxley, A.: Schöne neue Welt. Frankfurt (Fischer-Bücherei) 1953
–: Affe und Wesen (1959). München (Langen-Müller) o. J.
Huxley, Th. H.: Zeugnisse für die Stellung des Menschen in der Natur (übers. von *G. Heberer*). Stuttgart (Fischer) 1970
Illies, J.: Biologie und Theologie, in: *Vorgrimler,* Bilanz der Theologie. Freiburg (Herder) 1969
–: Wissenschaft als Heilserwartung. Hamburg (Furche) 1969
Jores, A.: Menschsein als Auftrag. Bern–Stuttgart (Huber) 1967
Jung, C. G.: Psychologische Typen. Zürich (Rascher) 1921
–: Gut und Böse in der analytischen Psychologie, in: *Bitter,* Gut und Böse in der Psychotherapie. Stuttgart (Klett) 1966
Kainz, F.: Die »Sprache« der Tiere. Stuttgart (Enke) 1961
Kant, I.: Theorie-Werkausgabe. Frankfurt (Suhrkamp) 1964
Königswald, G. H. R. von: Die Geschichte des Menschen. Berlin (Springer) 1968
Kolakowski, L.: Traktat über die Sterblichkeit der Vernunft. München (Piper) 1967
Lederberg, J.: Experimentelle Genetik und menschliche Evolution, in: *Schwarz,* Menschliche Existenz und moderne Welt. Berlin (de Gruyter) 1967
Linnaeus, C.: Systema Naturae. Editio X (1758). Faks., London 1956
Locy, W.: Die Biologie und ihre Schöpfer. Jena (Fischer) 1915
Lorenz, K.: Die angeborenen Formen möglicher Erfahrung. Zeitschr. f. Tierpsychologie, Bd. 5, 1943, S. 236–407
–: Er redete mit dem Vieh, den Vögeln und den Fischen. Wien (Borotha-Schoeler) 1949
–: Das sogenannte Böse. Zur Naturgeschichte der Aggression. Wien (Borotha-Schoeler) 1963
Meier, H.: Deutsche Sprachstatistik. Hildesheim (Olms) 1967
Meves, C.: Zur Äthiologie der Hysterie aus der Sicht kinderpsychotherapeutischer Praxis. Wege zum Menschen, Bd. 19, 1967, S. 74–85

–: Vergleichbare Strukturen von Verhaltensstörungen bei Kindern und Tieren. Praxis d. Kinderpsychologie, Bd. 16, 1967, S. 273–281
–: Gesunde und kranke Aggression – eine Folge unseres Kinderschicksals. Dtsch. Evang. Kirchentag Stuttgart 1969, Dokumente, S. 347–367
Meves, C., und *Illies, J.:* Lieben – was ist das? Freiburg (Herder) 1970
Mitscherlich, A.: Auf dem Weg zur vaterlosen Gesellschaft. München (Piper) 1965
Mitscherlich, A., und *Mitscherlich-Nielsen, M.:* Aggression als individuelles und gesellschaftliches Schicksal. Dtsch. Evang. Kirchentag Stuttgart 1969, Dokumente, S. 325–346
Mittasch, A.: Lebensprobleme und Katalyse. Ulm (Ebner) 1949
Moore, R.: Die Lebensspirale. Die großen Entdeckungen der Naturwissenschaft. Stuttgart (Fischer) 1967
Morris, D.: Der nackte Affe. München–Zürich (Droemer-Knaur) 1967
Overhage, P.: Experiment Menschheit. Frankfurt (Knecht) 1967
Picht, G.: Mut zur Utopie. Die großen Zukunftsaufgaben. München (Piper) 1969
Portmann, A.: Don Quichote und Sancho Pansa. Vom gegenwärtigen Stand der Typenlehre. Basel (Reinhardt) 1964
–: Biologische Fragmente zu einer Lehre vom Menschen. Basel–Stuttgart (Schwabe) [3]1969
–: Alles fließt. Wege des Lebendigen. Freiburg (Herder) 1967
Rahner, K.: Zum Problem der genetischen Manipulation aus der Sicht des Theologen, in: *Wagner,* Menschenzüchtung. München (Beck) 1969
Rensch, B.: Homo sapiens. Vom Tier zum Halbgott. Göttingen (Vandenhoeck & Ruprecht) 1965
Sachsse, H.: Die Erkenntnis des Lebendigen. Braunschweig (Vieweg) 1968
Schenkel, R.: Ausdrucksstudien an Wölfen. Behaviour, Bd. 1, 1947, S. 81–129
Schultz-Hencke, O.: Der gehemmte Mensch. Leipzig (Thieme) 1940
Schutz, Fr.: Sexuelle Prägungserscheinungen bei Tieren, in: *Giese,* Die Sexualität des Menschen. Stuttgart (Enke) 1968
Taylor, G. R.: Die biologische Zeitbombe. Frankfurt (Fischer) 1969
Teilhard de Chardin, P.: Der Mensch im Kosmos. München (Beck) 1958
Tenbrock, G.: Verhaltensforschung. Eine Einführung in die Tier-Ethologie. Jena (Fischer) 1964
Uschmann, G.: Ernst Haeckel. Berlin (Urania) 1961
Vesalius, A.: De humani corporis fabrica (1543). Budapest (Ausgabe Helikon) 1968
Wagner, Fr. (Hrsg.): Menschenzüchtung. Das Problem der genetischen Manipulierbarkeit des Menschen. München (Beck) 1969
Weizsäcker, C. Fr. von: Die Tragweite der Wissenschaft. Bd. 1. Stuttgart (Hirzel) 1966
–: Modelle des Gesunden und Kranken, Guten und Bösen, Wahren und Falschen. (Manuskript, 1969)
Zimen, E.: Wölfe sind ganz anders. Kosmos, Bd. 66, 1970, S. 230–236

Register